高等职业院校精品教材系列

智能电视技术

主　编　丁帮俊
副主编　程军武　韩伏元
主　审　蒋永平　童建华　孙　萍

電子工業出版社
Publishing House of Electronics Industry
北京·BEIJING

内 容 简 介

智能电视技术已得到广泛应用，为满足行业对智能电视技术人才的需求，许多院校已开设了智能电视技术课程。本书结合高等职业院校的教学要求进行编写，全书共9章，包括智能电视系统、数字电视基础知识、智能电视显示器、智能电视终端硬件电路、智能电视操作系统、智能电视交互技术、伴音电路、电源电路、液晶电视综合实训。本书内容全面、通俗易懂，读者通过学习本书可以掌握和运用智能电视技术。

本书为高等职业本专科院校相应课程的教材，也可作为开放大学、成人教育、自学考试、中职学校及培训班的教材，以及工程技术人员的参考书。

本书配有免费的电子教学课件、习题参考答案，详见前言。

图书在版编目（CIP）数据

智能电视技术 / 丁帮俊主编. —北京：电子工业出版社，2020.9
高等职业院校精品教材系列
ISBN 978-7-121-37809-6

Ⅰ. ①智…　Ⅱ. ①丁…　Ⅲ. ①多媒体电视－高等学校－教材　Ⅳ. ①TN949.198

中国版本图书馆 CIP 数据核字（2019）第 240831 号

责任编辑：陈健德（E-mail：chenjd@phei.com.cn）
特约编辑：田学清
印　　刷：北京七彩京通数码快印有限公司
装　　订：北京七彩京通数码快印有限公司
出版发行：电子工业出版社
　　　　　北京市海淀区万寿路 173 信箱　邮编 100036
开　　本：787×1 092　1/16　印张：10.5　字数：269 千字
版　　次：2020 年 9 月第 1 版
印　　次：2023 年 12 月第 2 次印刷
定　　价：42.00 元

凡所购买电子工业出版社图书有缺损问题，请向购买书店调换。若书店售缺，请与本社发行部联系，联系及邮购电话：（010）88254888，88258888。

质量投诉请发邮件至 zlts@phei.com.cn，盗版侵权举报请发邮件至 dbqq@phei.com.cn。
本书咨询联系方式：chenjd@phei.com.cn。

前　言

智能电视是培养电子信息类专业学生学习信息接收、信息处理及信息显示等智能化技术应用的典型载体。基于彩电产业结构的调整及智能液晶电视产业规模的不断扩大，社会需要大量掌握智能电视技术的人才。为适应智能化技术在各行业的应用，许多高等职业院校已开设了智能电视技术课程。本书主要具有以下特点。

1．教材使用的适应性。适应各院校教学的差异性。授课教师可以按照传统教学方法，先讲授理论知识，后安排实训；也可以按照项目化教学方法，以任务驱动方式进行教学；还可以按照上述两种方法交替使用的方式进行教学。

2．在智能电视实训方面，基于工作过程设计了 14 个分步递进的实训项目。通过认知实训使学生掌握智能电视的结构原理，通过 SoC 处理电路实训培养学生应用较复杂信息处理芯片的能力，通过伴音电路和开关电源的实训培养学生检修分立元件电子产品的能力。

3．在综合实训方面，以培养学生的数码芯片的应用性设计与装调能力为目标，借用相关典型电路，采用移植设计方法，设计、组装、调试 3.5 英寸液晶电视。

4．针对电子信息产业结构转型，增加了新的显示技术，包括立体显示技术及 OLED 显示技术；增加了智能电视技术，包括智能电视的硬件电路、TVD 系统及应用软件。

为体现高等职业教育的特色，本书将实用性、职业性放在首位，力求基础理论适度，内容全面系统、通俗易懂、图文并茂，并尽量反映最新的技术及其发展。

全书共 9 章，包括智能电视系统、数字电视基础知识、智能电视显示器、智能电视终端硬件电路、智能电视操作系统、智能电视交互技术、伴音电路、电源电路、液晶电视综合实训。书中多数产品电路图的元器件的符号及数值单位采用旧标准或行业规范，为与原产品电路图保持一致未进行修改，请读者在使用时以这些元器件的最新标准及规范要求为准。

由于编者水平有限，书中难免存在不当之处，敬请读者批评指正。

为方便教师教学，本书配有免费的电子教学课件、习题参考答案，请有需要的教师登录华信教育资源网（http://www.hxedu.com.cn）免费注册后进行下载，有问题时请在网站留言或与电子工业出版社联系（E-mail:hxedu@phei.com.cn）。

编　者

扫一扫看 TCL RT95 机芯液晶电视线路图-1

扫一扫看 TCL RT95 机芯液晶电视线路图-2

扫一扫看 TCL RT95 机芯液晶电视线路图-3

扫一扫看 TCL RT95 机芯液晶电视线路图-4

扫一扫看 TCL RT95 机芯液晶电视线路图-5

扫一扫看 TCL RT95 机芯液晶电视线路图-6

扫一扫看 TCL RT95 机芯液晶电视线路图-7

扫一扫看 TCL RT95 机芯液晶电视线路图-8

扫一扫看 TCL RT95 机芯液晶电视线路图-9

扫一扫看 TCL RT95 机芯液晶电视线路图-10

扫一扫看 TCL RT95 机芯液晶电视线路图-11

目录

第1章

智能电视系统

要求

熟悉智能电视系统的组成。

知识点

- 智能电视广播系统。
- 以智能电视机顶盒为网关构成的智能家居系统。

重点和难点

- 智能电视广播系统。

1.1 智能电视系统的组成

智能电视系统是由智能电视前端、传输网络、数字家庭网络及智能电视终端设备等组成的。智能电视前端是为智能终端提供数字电视广播、互联网或其他网络服务等业务的平台。智能电视终端设备具有操作系统，能安装和卸载应用软件，具备一种或多种人机交互方式，能接收数字电视广播，接入互联网或其他网络可以实现网络服务，可扩展其他应用业务。

智能电视系统框图如图1-1所示。

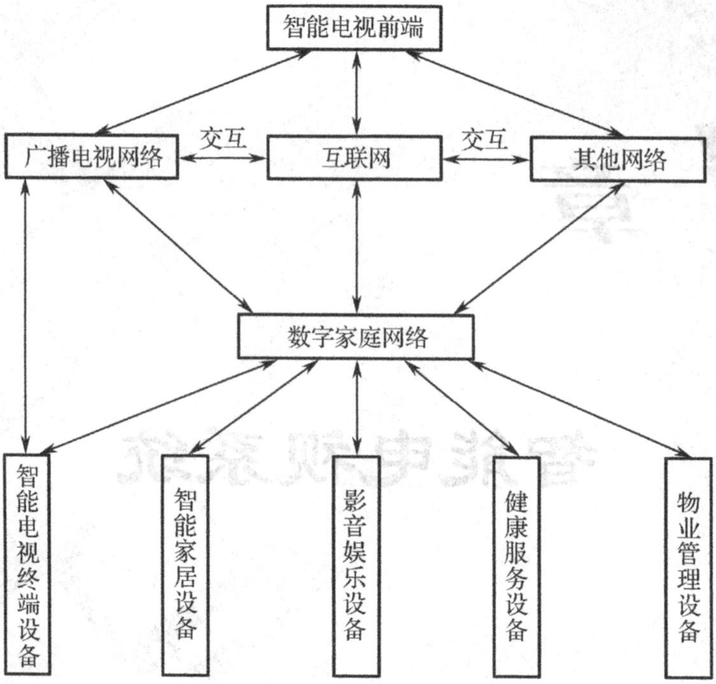

图 1-1　智能电视系统框图

智能电视前端：广播电视台（站）、互联网或其他网络站点、应用程序商店等。

传输网络：广播电视网络、互联网、其他网络。

智能电视终端设备：智能电视一体机、智能电视机顶盒。

智能家居设备：网络冰箱、智能洗衣机等。

影音娱乐设备：音响、随身听、计算机等。

健康服务设备：血糖仪、脉搏仪、血压计等。

物业管理设备：远程抄表、可视对讲机等。

1.2　智能电视广播系统

智能电视广播系统的基本功能是将图像和声音从一个地点（发送端）传送到另一个地点（接收端），其信号流程如图 1-2 所示。智能电视广播系统将图像和声音转换为电信号，该电信号经处理和传输之后，又被还原为图像与声音。

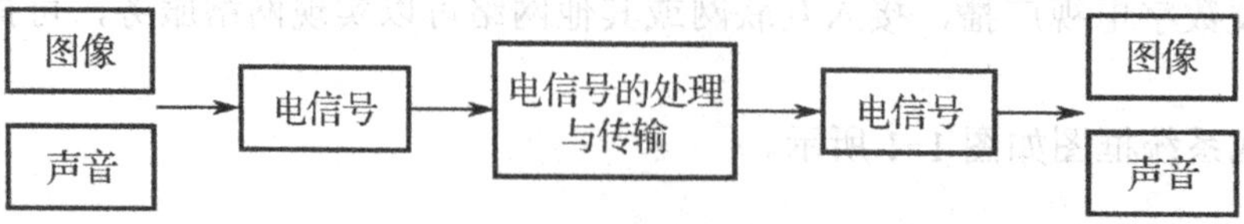

图 1-2　智能电视广播系统的信号流程

1.2.1 数字电视广播系统

1. 数字电视广播系统的组成

数字电视广播系统的结构框图如图 1-3 所示。数字电视广播系统由音/视频编码/解码器、多路复用/多路解复用器、信道编码/解码器、调制/解调器等部分组成。

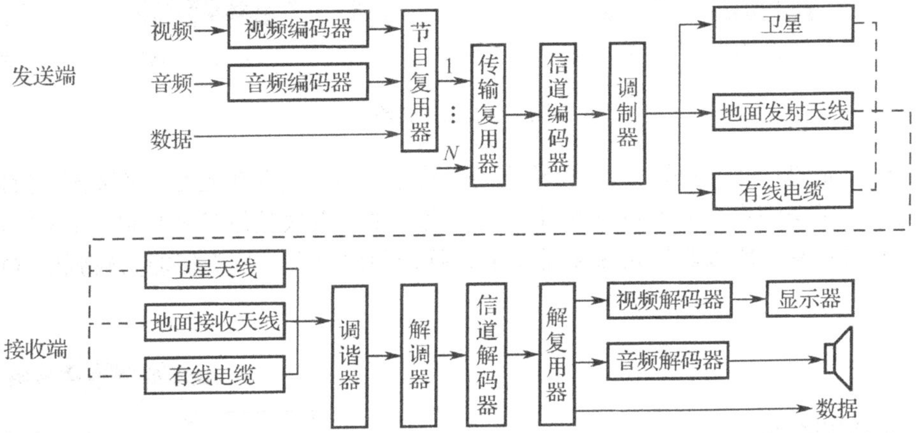

图 1-3　数字电视广播系统的结构框图

在发送端，视频信号、音频信号分别输入视频编码器、音频编码器，视频编码器及音频编码器对视频信号、音频信号进行编码压缩处理，以降低传输码率。经编码压缩后的视频信号、音频信号及需要附加的某些数据一起送入节目复用器被打包成某一节目数据流。该数据流送入传输复用器与多个数字节目数据流进行多路复用，再送入信道编码器进行纠错编码，以提高抗干扰能力，最后经调制器调制成射频等信号发送出去。

在接收端，智能电视收到的射频等信号经调谐器选择并下变频为中频信号，该中频信号送入解调器（Internet 宽带网络信号直接输入解调器）进行解调，再经信道解码器纠正传输造成的误码，最后输出包含音频、视频和其他数据的传输流（TS）。传输流解复用器用来区分不同的节目，分离出节目数据流中的视频压缩数据流、音频压缩数据流及有关的附加数据信息流。其中，视频压缩数据流和音频压缩数据流被分别送入视频解码器和音频解码器进行解压缩处理，还原出视频和音频被压缩前的视频信号和音频信号。音频信号经 D/A 变换为模拟音频，模拟音频再经音频放大后可传输至扬声器发出声音。视频信号输入显示器重现彩色图像。

2. 数字电视信号的传输方式

根据传输的路径，数字电视信号的传输方式可分为卫星传输、有线传输和地面传输 3 种。

卫星传输如图 1-4 所示。卫星信道由上传天线、广播卫星及接收天线等设备组成。卫星信道的特点是可用频带宽、功率受限、干扰大、信噪比低。卫星信道要求采用可靠性高、信号纠错能力强的信号调制方式，通常采用 QPSK 调制方式，只要保证相位不发生变化，幅度方面的衰减和失真就不会影响信号接收，因此其抗雪衰、抗雨衰的能力强。

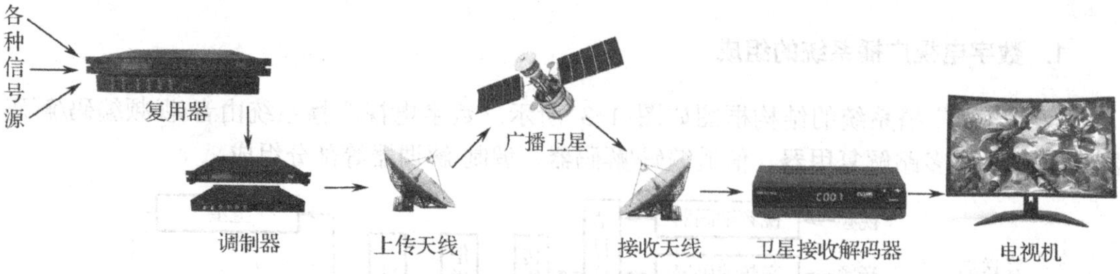

图 1-4　卫星传输

有线传输如图 1-5 所示。有线传输采用有线电视网作为传输通道。有线信道的特点是信噪比高、频带资源窄、存在回波和非线性失真。由于有线信道信噪比高、误码率较低、纠错能力要求不高，所以其通常采用带宽窄、频带利用率高、抗干扰能力较强的 QAM 调制方式。

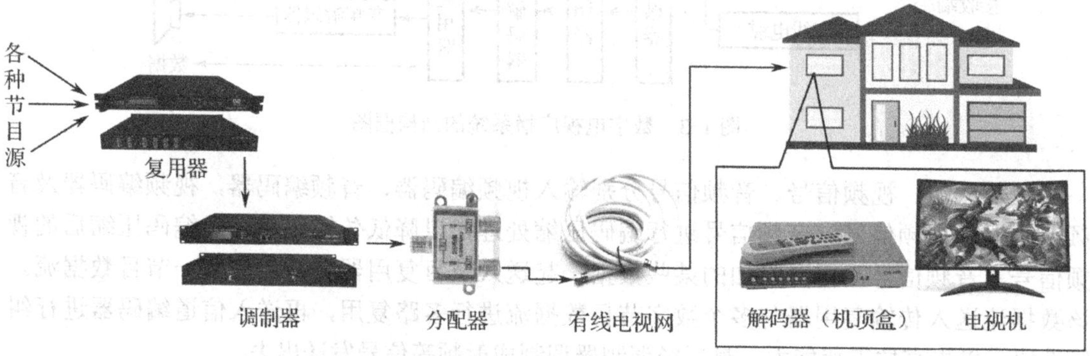

图 1-5　有线传输

地面传输如图 1-6 所示。地面传输采用地面发射塔与电视接收天线作为传输通道。地面传输的特点是地形复杂、存在时变衰落和多径干扰、信噪比较低。地面传输通常采用能有效消除多径干扰的正交频分复用调制（OFDM）技术。

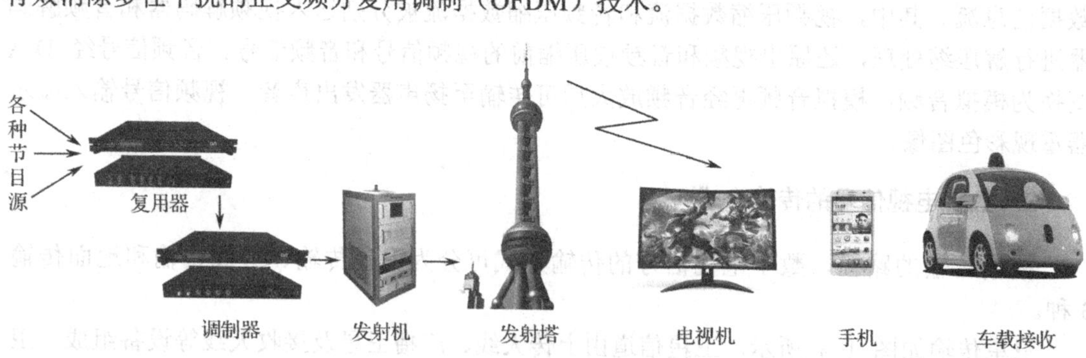

图 1-6　地面传输

1.2.2　IPTV 系统

IPTV（Internet Protocol Television，网络协议电视）系统是通过互联网协议来提供包括电视节目在内的多种数字媒体服务的。各类节目源的视频信号经压缩处理后，经过 IP 流化形成 IP 报文，通过 IP 网络传送给用户。IPTV 系统的结构框图如图 1-7 所示。IPTV 系统是基于 Internet 宽带网络进行信号传输的，其优点是系统结构简单、利用网线即可解决数据控制和同步问题、音/视频数据流和办公业务数据流可混传并且不会相互影响，缺点是存在不可控的数据传输延时、拥塞时的丢包、乱序等问题。由于高清图像的原始数据量巨大，因此 IPTV 系统的编码格式往往采用压缩比较高的 H.264 或 MPEG-4。

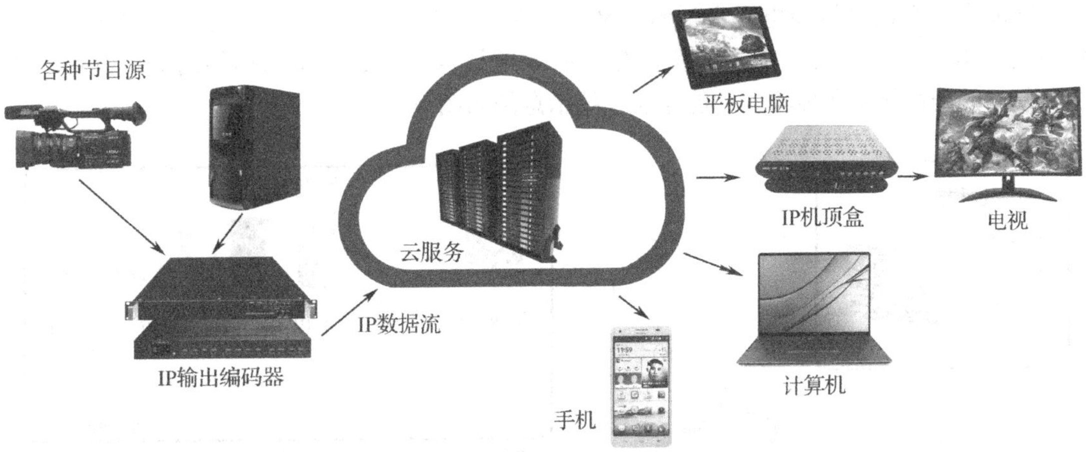

图 1-7　IPTV 系统的结构框图

1.2.3　OTT TV 系统

OTT TV 是“Over The Top TV”的缩写，是指基于互联网的视频服务，意指基于网络提供服务，强调服务与物理网络的无关性。通过互联网传输的视频节目的接收终端可以是电视机、计算机、机顶盒、平板电脑、智能手机等。OTT TV 系统示意图如图 1-8 所示。

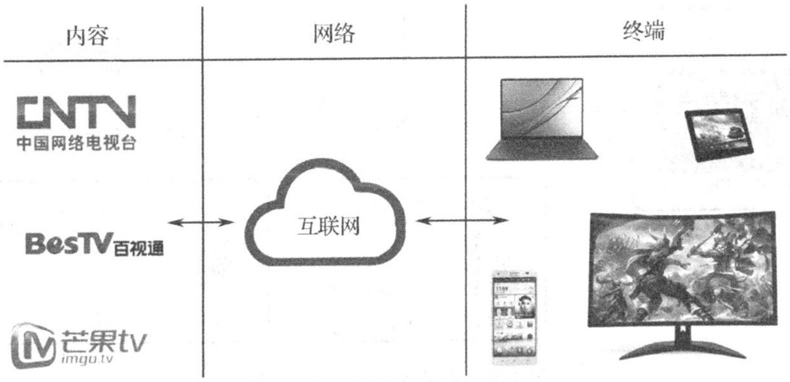

图 1-8　OTT TV 系统示意图

IPTV 系统与 OTT TV 系统的区别如下。

（1）IPTV 系统独立组网，专网专用。在我国，IPTV 系统往往采用电信运营商搭建的专用网络；OTT TV 系统基于互联网提供视频服务。

（2）IPTV 系统有 QoS（Quality of Service，服务质量）保障，而 OTT TV 系统无 QoS 保障。QoS 是指网络能够利用各种基础技术为指定的网络通信提供更好的服务，是一种网络安全机制，同时也是一种用来解决网络延迟和阻塞等问题的技术。

1.3 智能家居系统

智能家居系统以智能电视机顶盒为网关，综合利用计算机、网络、家电控制等技术，将家庭智能控制、信息交流及消费服务等有效地结合在一起，从而提供高效、舒适、安全、便捷的个性化家居体验。智能家居系统示意图如图 1-9 所示。

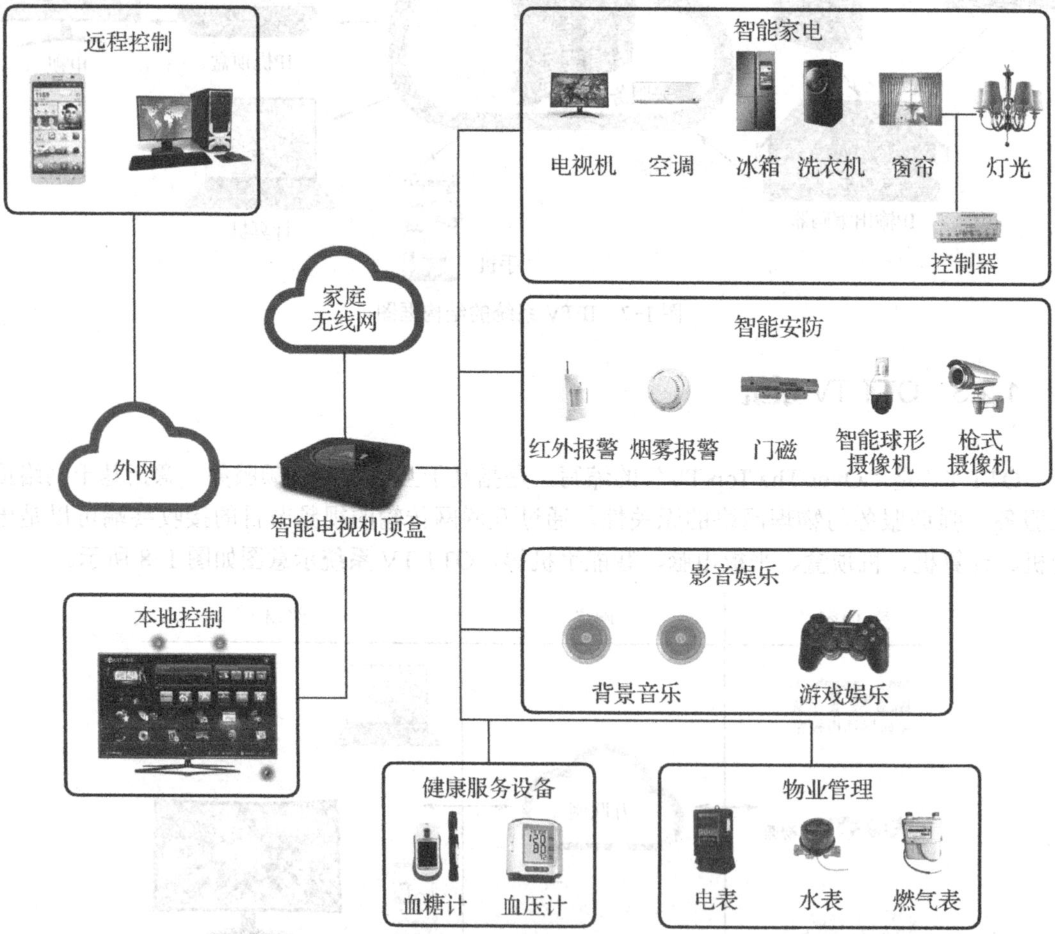

图 1-9　智能家居系统示意图

1.3.1 HFC 双向传输网

智能电视机顶盒通过 HFC（Hybrid Fiber Coaxial，混合光纤同轴电缆）双向传输网与外网相连。HFC 是一种经济实用的综合数字服务宽带网络接入技术。HFC 双向传输网通常由光纤干线、同轴电缆支线和用户配线网络三部分组成。有线电视台传出的节目信号首先转变成光信号在干线中传输；在进入用户区域后光信号转换成电信号，经分配器分配后，通过同轴电缆传送给用户。HFC 双向传输网与早期 CATV 同轴电缆网络的不同之处主要在于，前者在干线部分采用光纤传输光信号，在前端需要完成电光转换，在进入用户区域后要完成光电转换。HFC 双向传输网结构示意图如图 1-10 所示。

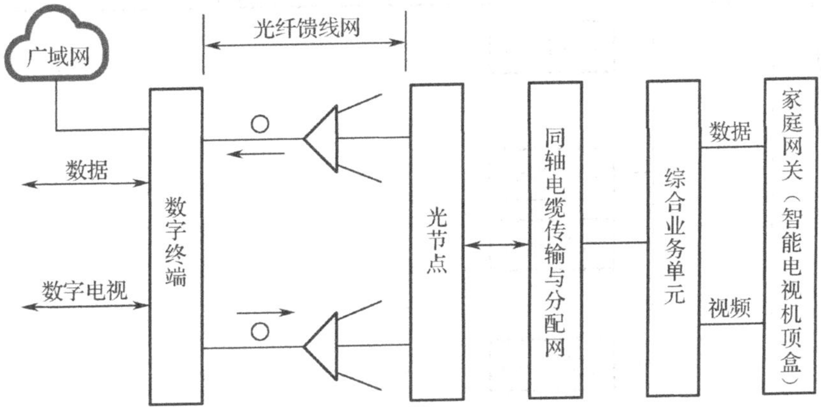

图 1-10 HFC 双向传输网结构示意图

1.3.2 家庭网络

家庭网络是一种将家庭范围内的音/视频设备、信息设备、各种计量表、照明系统、安防报警求助系统等连接在一起而组成的局域网。各种终端设备利用家庭网络能够互联互通，可以实现各种网络化的管理和服务及资源和服务的共享，从而组成家庭信息、娱乐、控制的互联系统。家庭网络结构示意图如图 1-11 所示。

家庭网络采用分层次的网络拓扑结构，分为两个网段：家庭主网和家庭子网。家庭主网通过内部主网关与外部网络相连，家庭子网通过子网关与家庭主网相连。

1.3.3 网络家电

网络家电是指在网络层面上具有信息互联、互通或互操作特征的家庭网络及类似场所网络使用的家用和类似用途电器产品[①]。网络家电的一般模型主要包括人机交互模块、控制模块、执行模块和通信模块，如图 1-12 所示。

① GB/T 30246.5—2014 家庭网络 第 5 部分：终端设备规范家用和类似用途电器

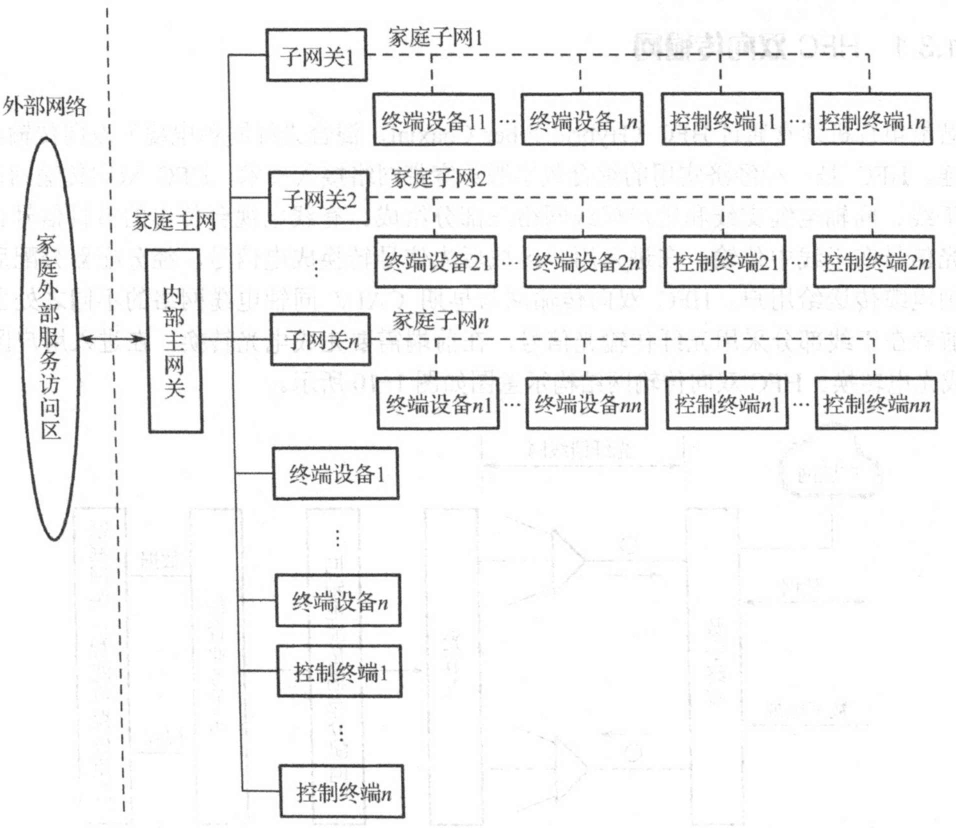

图 1-11　家庭网络结构示意图

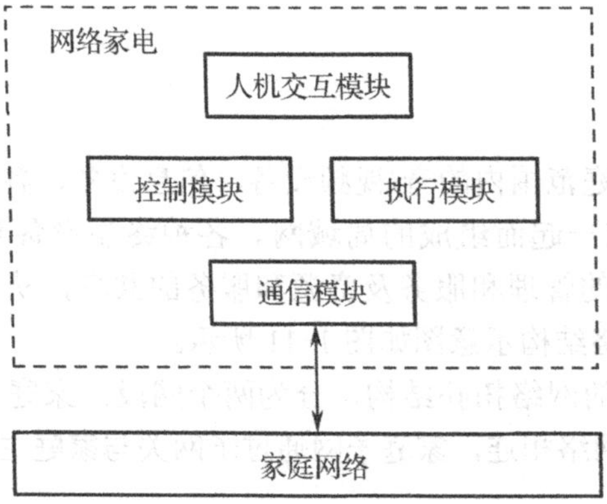

图 1-12　网络家电的一般模型

通信模块提供网络家电与家庭网络之间的通信服务。控制模块实现对网络家电的各种控制。执行模块执行控制模块发出的命令，实现网络家电的各种基本功能，如加热、洗衣等。人机交互模块实现使用者与网络家电之间所有的交互功能。可以通过传统的按键、屏幕、语音等方式进行人机交互，也可以通过网络进行本地或远程人机交互。

实训 1　认识数字电视广播系统

1. 熟悉数字电视广播系统的结构组成

认识数字电视卫星接收器、编码器、复用器、调制器、智能电视机顶盒等部件。

2. 绘制数字电视广播系统的拓扑图

参观数字电视广播系统实训室，绘制数字电视广播系统的拓扑图。

练习与思考 1

1. 智能电视系统由哪几部分组成？各部分有什么作用？
2. 常见的智能电视前端有哪些？
3. 常见的智能电视终端设备有哪些？
4. 常见的智能家居设备有哪些？
5. 数字电视信号有哪几种传输方式？这几种传输方式各具有什么特点？
6. 试绘制常用智能家居系统的拓扑图。

第2章 数字电视基础知识

要求

掌握数字音/视频信号的形成原理，以及数字电视信号的编码、复用、传输、调制等关键技术。

知识点

- 图像的传送、分解与还原的原理。
- 数字音/视频信号的数据格式，以及数字电视信号的编码、复用、传输、调制等关键技术。
- 立体显示技术。

重点和难点

- 数字电视信号的编码、复用、传输、调制等关键技术。

2.1 图像的传送、分解与还原

2.1.1 像素与图像的顺序传送

1. 静止图像的顺序传送

像素是图像的基本单元。图像的形状千变万化，直接传送整幅图像具有一定难度，但传送许多个像素，在接收端再将像素组成图像，则能较好地传输各种图像。电视广播系统采用顺序传送的方式，将图像的各个像素按从左到右、自上而下的顺序逐个传送。电视接收机按发送端的发送顺序依次将电信号转换成相应的亮度信号，只要在视觉暂留的 0.1 s 内完成一幅图像所有像素的传送，人眼看到的就是一幅完整的图像。静止图像的顺序传送如图 2-1 所示。

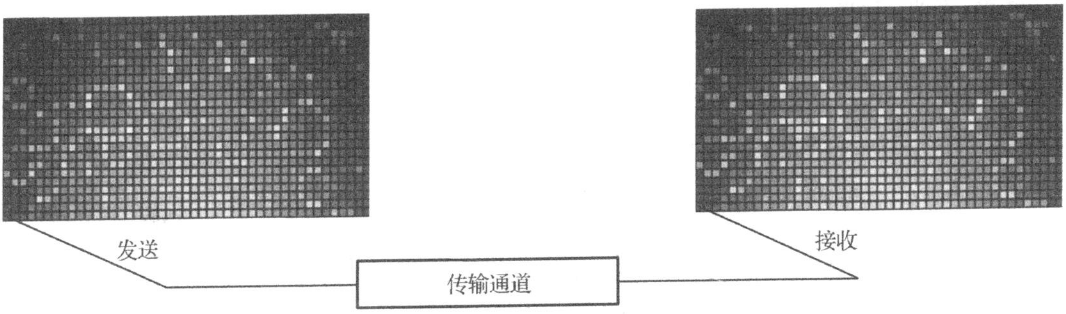

图 2-1　静止图像的顺序传送

2. 运动图像的顺序传送

在放映电影时，只要以 24 幅/s 的速度放映时间相关、内容相近的静止图片，人眼感觉到的图像就是连续运动的（基于人眼的视觉惰性）。同理，电视在播放视频时，也可以根据人眼具有视觉惰性这一原理，将活动图像按先后顺序分解成多幅静止图像进行传送，当传送速度足够快时，人眼看到的就会是连续运动的图像。在我国，电视图像的传送速度为 25 幅/s。运动图像的顺序传送如图 2-2 所示。

图 2-2　运动图像的顺序传送

2.1.2　图像的分解与还原

1. 三基色原理及混色方法

利用顺序传送图像方法可以解决不同形状的图像传送问题，而利用三基色原理可以解决图像色彩的传送问题。由于图像具有的色彩丰富多样，因此如果用一个通道传送一种色彩，在实现时非常困难，而利用三基色原理可较好地解决这种问题。三基色原理的主要内容：自然界中绝大多数的色彩都可以用三种基色按一定的比例混合产生；同时自然界中绝大多数的色彩都可以分解为三种基色。由于人眼对红、绿、蓝较敏感，因此在电视广播系统中将红（R）、绿（G）、蓝（B）作为三种基色。

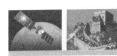

如果在白色屏幕上投射红、绿、蓝三种基色的光束，那么在这 3 种光束的重影处，可以产生下列混合色调（见图 2-3）：

红光+绿光=黄光；

绿光+蓝光=青光；

蓝光+红光=紫光；

红光+绿光+蓝光=白光。

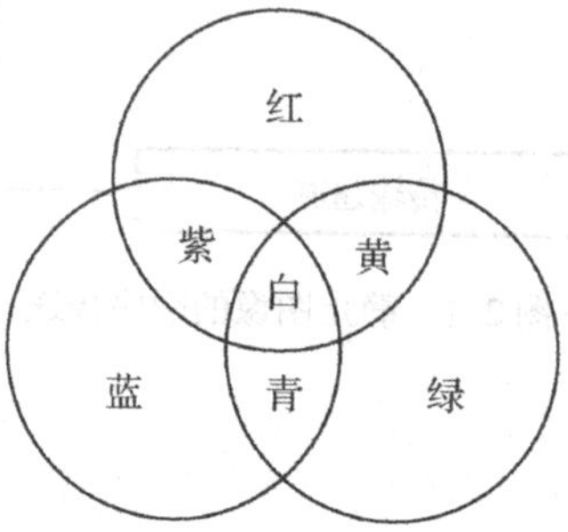

图 2-3　相加混色

根据三基色与混合色的关系，可将混色方法分为直接混色法和间接混色法，间接混色法又可分为空间混色法和时间混色法。直接混色法是一种将三种基色光按不同比例投射在全反射的白色幕布上的混色方法。空间混色法利用人眼视觉分辨力有限的特点，当三种基色光点很小而且间距很近时，人眼在一定距离处观看会分辨不出这些光点，从而会看到三种基色混合的色调。时间混色法将三种基色光按一定时间顺序轮流、快速地呈现，基于人眼的残留视觉特性，人眼看到的就会是三种基色光的混合色调。

2. 图像分解与还原的模型

根据三基色原理设计的图像分解与还原模型如图 2-4 所示。在发送端，彩色摄像机将自然界中的彩色光分解为红、绿、蓝三种基色光，并转换成电信号。在接收端，液晶显示屏均匀分布红、绿、蓝三种子像素，根据接收的电信号控制红、绿、蓝三种子像素发光，就能重现彩色图像。

1）图像的三基色分解

利用三板式棱镜实现的图像的三基色分解如图 2-5 所示。三板式棱镜由分色棱镜 A、B、C 三部分组成。1 面和 2 面分别涂有不同厚度的干涉薄膜。不同厚度的干涉薄膜可以反射和透射不同色彩的光线。假设红花绿叶图像中的红花的基色为纯红色，绿叶的基色为纯绿色。当红花绿叶图像的图像光线投射到 1 面上时，蓝光被反射，而其他光透过。被反射的蓝光投射到 A 的另一面上，因被反射蓝光的入射角较大超过临界角而发生全反射，于是蓝光投射到蓝基色图像传感器，蓝基色图像中只有蓝色的“美”字（紫色可分解为红、蓝两色）。透过 A 的光到达 B，当光线投射到 2 面上时，红光被反射，红基色图像为红花和红色的“美”字；剩余的绿光透过 C 射出，绿基色图像为绿叶图案。

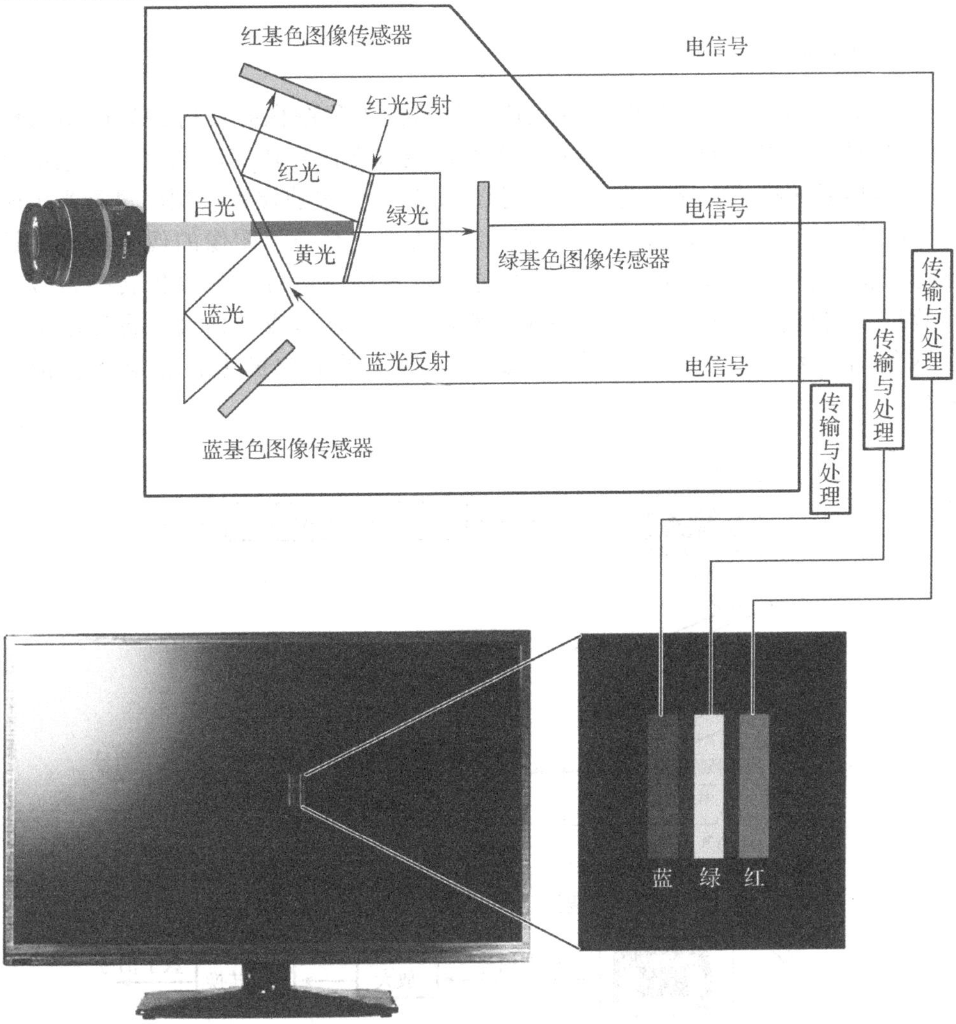

图 2-4　根据三基色原理设计的图像分解与还原模型

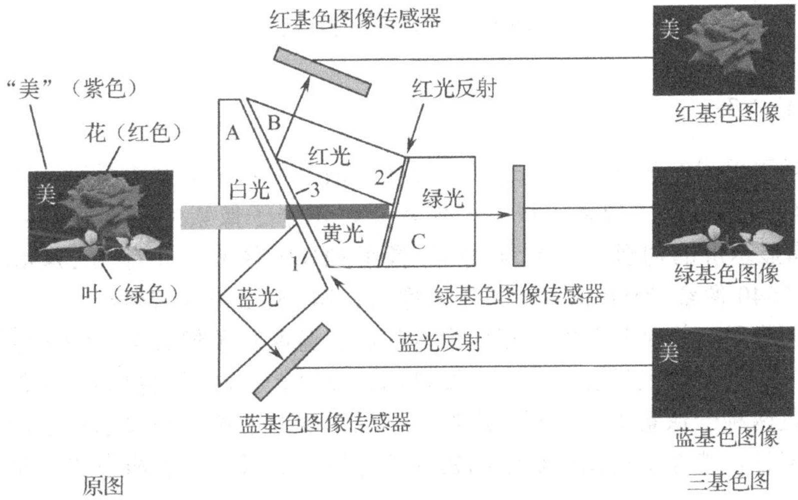

图 2-5　利用三板式棱镜实现的图像的三基色分解

2）图像的光电转换

外界景物通过镜头所成的像，经三基色分解为单色图像并投射到光电图像传感器CCD。CCD 植入了整齐排列的微小光敏物质，能将光信号转变成电信号，电信号经放大及 A/D 转换后转换成数字图像信号（见图 2-6）。图像的像素按顺序进行光电转换的过程称为扫描。扫描方式分为隔行扫描和逐行扫描。对一帧图像的像素进行逐行转换称为逐行扫描。扫描一幅图像生成的信号称为一帧图像信号。如果先转换奇数行，再转换偶数行，则这种方式称为隔行扫描。其中，奇数行组成的信号为奇数场信号，偶数行组成的信号为偶数场信号。除 CCD 外，常用的光电图像传感器还有摄像管、CMOS 等。

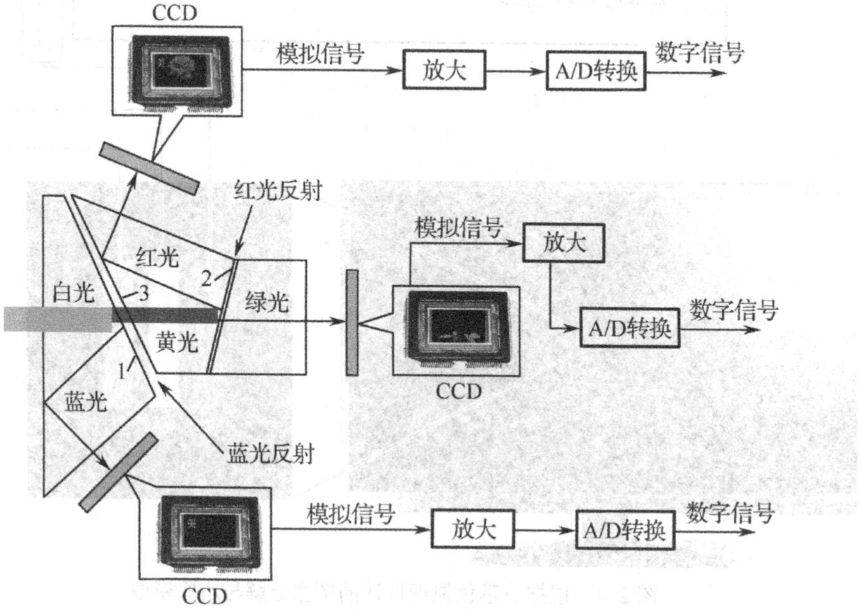

图 2-6　图像的光电转换

3）图像的还原

液晶显示屏采用空间混色法重现彩色图像。液晶显示屏的像素排列与控制如图 2-7 所示。红、绿、蓝三个子像素组成一个像素点，每个子像素的亮和暗都由控制开关控制。4K 液晶显示屏的物理分辨率为 3840 像素×2160 像素，共有 8 294 400 个像素、24 883 200（3840 像素×2160 像素×3）个子像素、24 883 200 个控制开关。当要显示紫色的“美”字图像时，控制开关控制相应像素的红、蓝两种子像素亮，绿子像素暗，根据空间混色法，红、蓝混色呈现紫色。当要显示红花时，控制开关控制相应像素的红子像素亮，绿、蓝两种子像素暗，从而呈现红色。显示绿叶的原理与显示红色的原理相同。除液晶显示屏外，能够实现图像显示的器件还有发光二极管、有机发光二极管、等离子显示屏等。

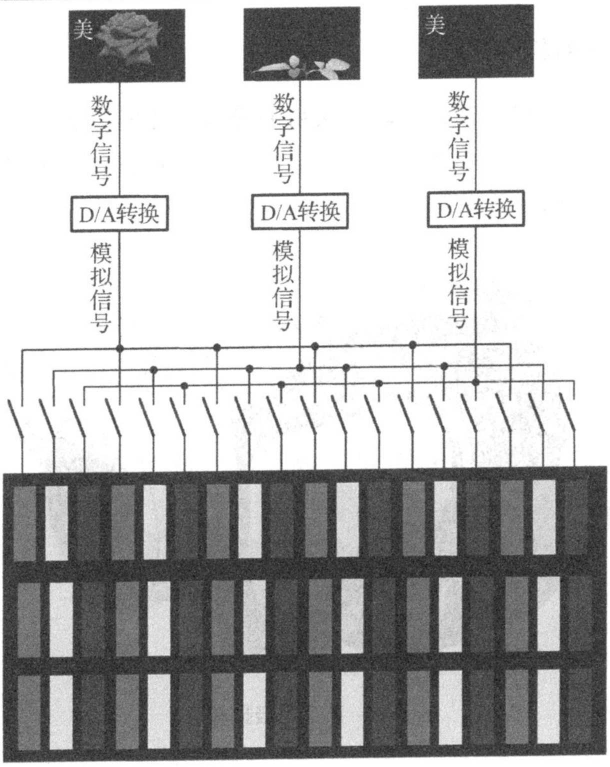

图 2-7　液晶显示屏的像素排列与控制

实训 2　认识常见摄像机

1. 认识广播级摄像机

要求：查找资料，熟悉一款广播级摄像机的像素及其摄像器件的类型；了解摄像机的灵敏度、信噪比和宽动态范围等性能，以及支持的输出图像格式。PXW-X580 广播级摄录一体机如图 2-8 所示。

图 2-8　PXW-X580 广播级摄录一体机

2. 认识家用级摄像机

要求：查找资料，了解一款家用级摄像机的像素及其摄像器件的类型；了解摄像机的灵敏度、信噪比和宽动态范围等性能，以及其与广播级摄像机的区别；支持摄像机的输出图像格式。某家用级摄像机如图 2-9 所示。

图 2-9　某家用级摄像机

3. 认识双目摄像机

要求：查找资料，了解双目摄像机与普通摄像机的应用场合有何不同。某 3D 双目摄像机如图 2-10 所示。

图 2-10　某 3D 双目摄像机

4. 认识 VR 全景摄像机

要求：查找资料，了解 VR（Virtual Reality，虚拟现实）全景摄像机的应用场合。某 VR 全景摄像机如图 2-11 所示。

图 2-11　某 VR 全景摄像机

2.2　电视数字音/视频信号

2.2.1　数字视频信号

GY/T 157—2000《演播室高清晰度电视数字视频信号接口》规定了我国演播室高清晰度电视信号数字视频接口的信号格式。数字全行视频信号的结构（见图 2-12）主要包括数字行消隐及视频数据（数字有效行）两部分。数字行消隐包括视频定时基准码（EAV、SAV）及消隐期间的数据字。

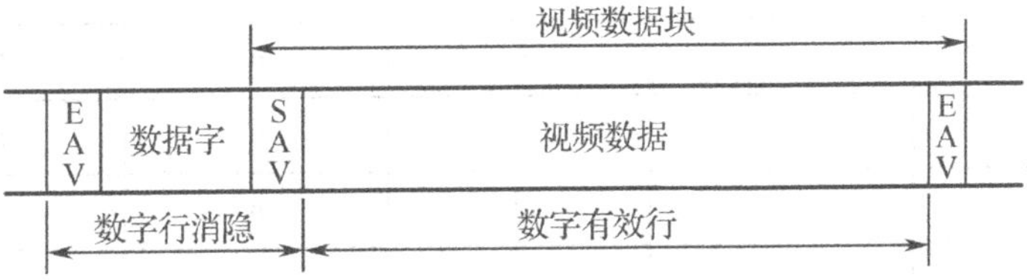

图 2-12　数字全行视频信号的结构

1. 数字行消隐

1）视频定时基准码

数字视频信号有 SAV 和 EAV 两种视频定时基准码。SAV 为有效视频起始码，用于标识每个视频数据块的开始。EAV 为有效视频结束码，用于标识每个视频数据块的终止。数字视频信号对应的图像如图 2-13 所示。视频定时基准码的比特分配如表 2-1 所示。每个视频定时基准码由四字（十六进制数）组成，顺序为 3FF、000、000、XYZ，前三字是固定前缀，第四字载有场识别（F）、帧/场消隐期（V）和行消隐期（H）的信息。比特 F 和比特 V 的状态随数字行起点处的 EAV 同步改变（见图 2-13）。保护比特 P0 到 P3 的取值与 F、V、H 有关，用于在接收端对高 8 位比特发生的错误进行 1 比特的纠错、2 比特的检错。

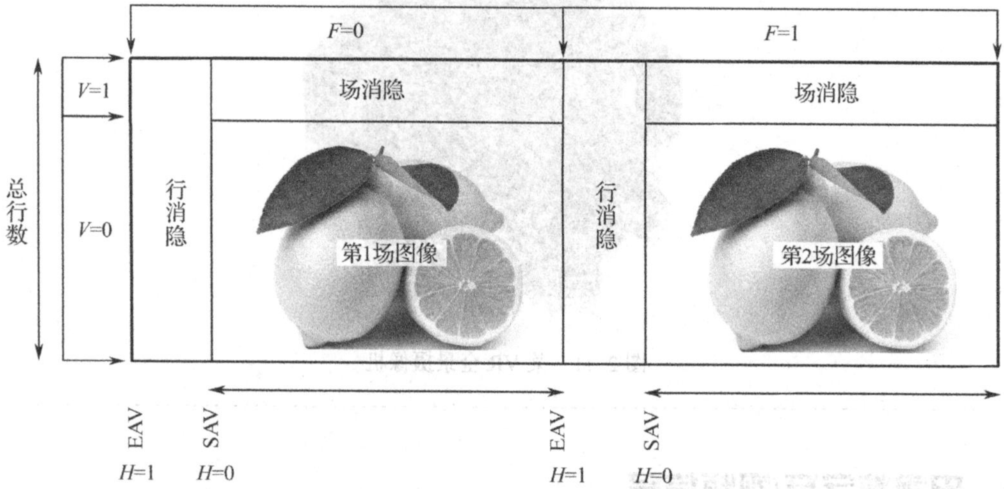

图 2-13　数字视频信号对应的图像

表 2-1　视频定时基准码的比特分配

数据比特位	第一字（3FF）	第二字（000）	第三字（000）	第四字（XYZ）
9（MSB）	1	0	0	1
8	1	0	0	F
7	1	0	0	V
6	1	0	0	H
5	1	0	0	P3
4	1	0	0	P2
3	1	0	0	P1
2	1	0	0	P0
1	1	0	0	0
0（LSB）	1	0	0	0

2）消隐期间的数据字

消隐期间的数据字包括辅助数据和其他数据。在消隐期间嵌入辅助数据，使辅助数据与视频数据复合可以获得更大的运行效益。HDTV（高清晰度电视）通常在辅助数据空间嵌入数字音频信号（最多容纳 16 路音频信号）。如果不在消隐期间嵌入辅助数据，则用规定的消隐电平数据填充。

2. 视频数据

HDTV 视频数据结构如图 2-14 所示，HDTV 视频数据是以 1.485 Gbit/s 的速率复用传送的，每条视频数据为 10 比特（或 8 比特），其顺序是 C_{B1}、Y_1、C_{R1}、Y_2、C_{B3}、Y_3、C_{R3}、Y_4…。其中，Y 为亮度信号，C_B、C_R 为色差信号（基色信号减去亮度信号），C_{B1}、Y_1、C_{R1} 这三字取样的是同位置、同像素的亮度和色差信号，后面的 Y_2 属于下一个像素的亮度取样，以此类推。

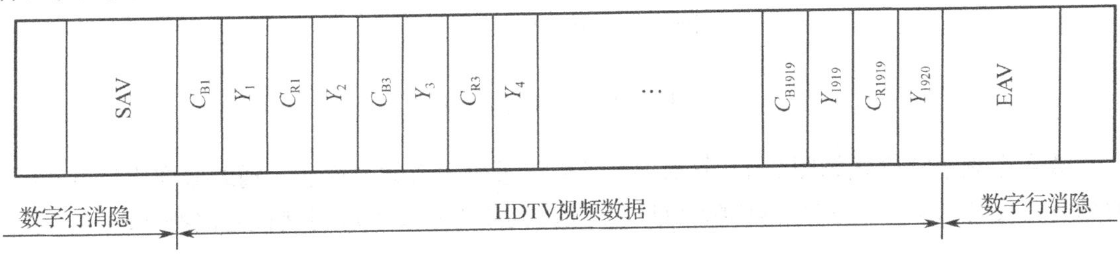

图 2-14　HDTV 视频数据结构

GY/T 155—2000《高清晰度电视节目制作及交换用视频参数值》规定高清晰度数字电视采用正交结构取样，取样格式为 4∶2∶2（见图 2-15）。正交结构在图像平面沿水平方向取样点等间隔排列，沿垂直方向取样点上下对齐排列，有利于帧（或场）内和帧（或场）间的信号处理。4∶2∶2 格式的亮度信号 Y 的取样结构正交，取样位置逐行逐帧重复；色差信号 C_B、C_R 的取样结构正交，取样位置逐行逐帧重复，取样点相互重合。

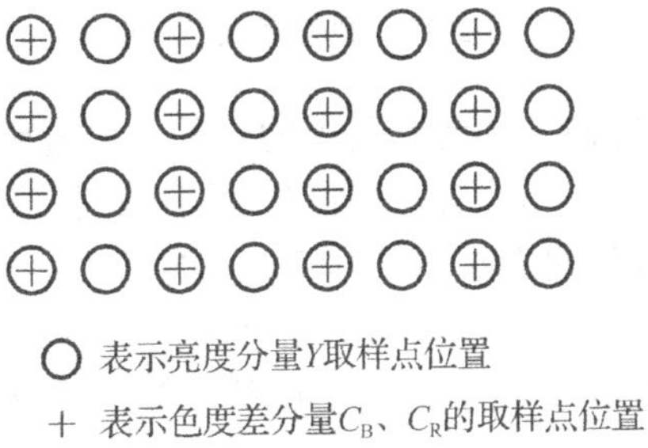

图 2-15　4∶2∶2 格式

2.2.2　数字音频信号

GY/T 158—2000《演播室数字音频信号接口》规定数字音频数据结构应包括块、帧和子帧。每个块由 192 个连续帧组成，块的起始点由特定的子帧前置码指示。帧是两个连续和关联的子帧序列。每个子帧分成 32 个时隙，编号从 0 到 31。数字音频帧格式如图 2-16 所示。

第一个子帧通常以前置码 X 开始，每隔 192 帧转变为前置码 Z 一次。第二个子帧总是以前置码 Y 开始。

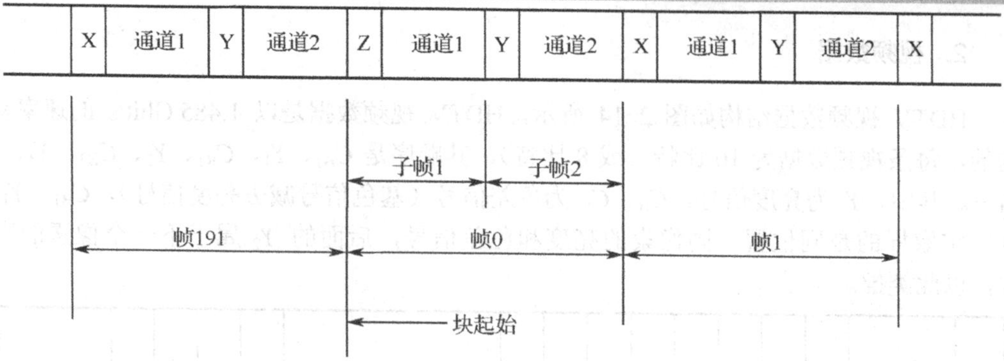

图 2-16　数字音频帧格式

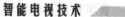

数字音频子帧格式如图 2-17 所示。子帧由前置码、音频取样字、辅助取样比特 AUX、有效标志比特（V）、用户数据比特（U）、通道状态比特（C）和奇偶校验比特（P）组成。

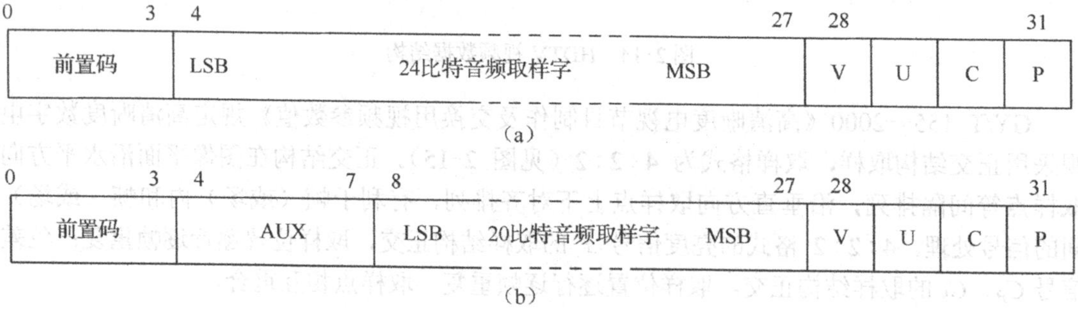

图 2-17　数字音频子帧格式

时隙 0 到 3（前置码）传输三种前置码中的一种。前置码用于子帧、帧和块的同步和识别。前置码有三种，分别是 X、Y、Z。X 和 Y 用于识别音频通道 1 和音频通道 2；Z 用于识别音频数据块的开始和音频通道 1。不同模式下的子帧分配如表 2-2 所示。时隙 0 到 3 采用与双相位标志编码不同的规则，以便与数据字区别。前置码在每个子帧的前 4 个时隙传输。前置码的第一个状态总是不同于前一个比特的第二个状态，根据这种状态限定方法可知：

- 前置码 X：11100010 或 00011101，子帧 1。
- 前置码 Y：11100100 或 00011011，子帧 2。
- 前置码 Z：11101000 或 00010111，块起始（帧 0）的子帧 1。

表 2-2　不同模式下的子帧分配

模式	子帧 1	子帧 2
双通道模式	通道 1	通道 2
立体声模式	左	右
单通道模式	单通道	单通道或设为逻辑“0”
主/副模式	主通道	副通道

时隙 4 到 27（音频样值字）传输由线性 2 的补码表示的音频样值字，最高有效位由时隙 27 传送。音频样值字表示数字音频取样的幅度。当采用 24 比特音频编码时，最低有效位处于时隙 4。当采用 20 比特音频编码时，时隙 8 到 27 传输音频样值字，最低有效位处于时隙 8，时隙 4 到 7 被指定为辅助数据比特。如果源编码的比特数少于接口规范容许的比特数（24 或 20），那么不用的最低有效位比特必须置逻辑“0”。

为减少传输线上的直流分量，利于从数据流中恢复时钟，并使接口不易受连接极性的影响，时隙 4 到 31 采用双相位标志编码。被传输的每个比特用前后相继的两个二进制状态表示。每个比特的第一个状态总是不同于前一个比特的第二个状态。如果被传输的比特为“0”，那么比特的第二个状态与前一状态相同；如果被传输的比特为“1”，则不同。通道编码如图 2-18 所示。

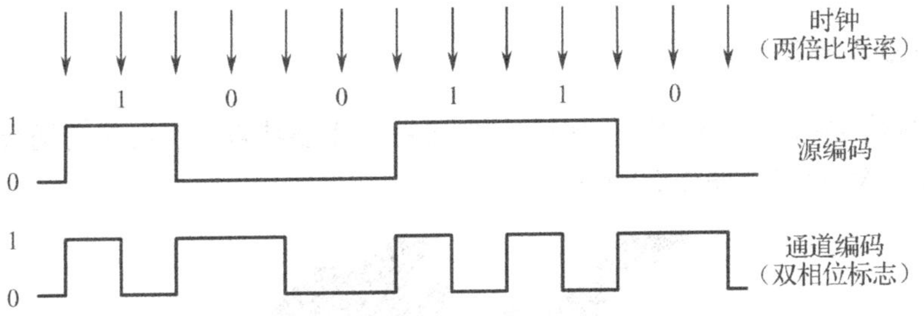

图 2-18　通道编码

时隙 28（有效标志比特）传送音频样值字相关的有效标志，如果音频样值字适于转换为采用线性 PCM 编码的模拟音频信号，则标志置“0”，否则置“1”。

时隙 29（用户数据比特）载有在同一子帧中传输的与音频通道相关的一个用户数据通道比特。

时隙 30（通道状态比特）载有在同一子帧中传输的与音频通道相关的一个通道状态信息比特。

时隙 31（奇偶校验比特）传送奇偶校验比特，使时隙 4 到 31 传送偶数个“1”和偶数个“0”（偶校验）。

实训 3　认识音/视频信号接口

对照实物或查找资料，认识高清视频接口（如 HDMI 接口、DVI 接口、SDI 数字分量串行接口、YPbPr /YCbCr 色差接口）、标清视频接口（如复合视频接口、S-Video 接口、VGA 接口、）、音频信号接口［如 RCA 接口、3.5 音频接口、SPDIF（Sony/Philips Digital Interface）接口］。

1. 认识 HDMI 接口

要求：熟悉 HDMI 接口外形；掌握其中文全称、英文全称、最高数据传输速度及主要应用场合；了解接口的引脚功能。HDMI 接口如图 2-19 所示。

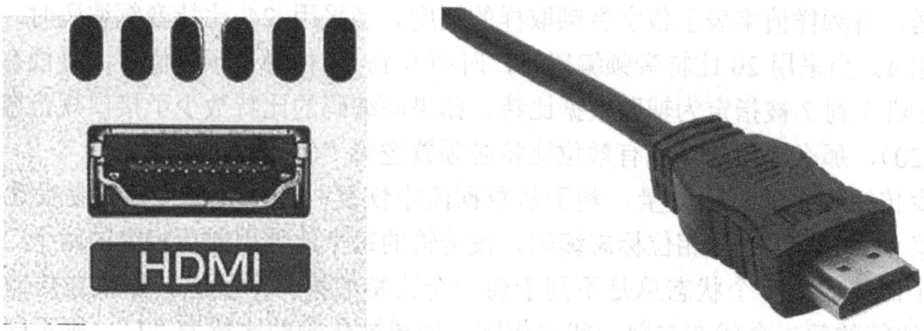

图 2-19　HDMI 接口

2. 认识 DVI 接口

要求：熟悉 DVI 接口外形；掌握其英文全称、主要特点及主要应用场合；了解接口的引脚功能。DVI 接口如图 2-20 所示。

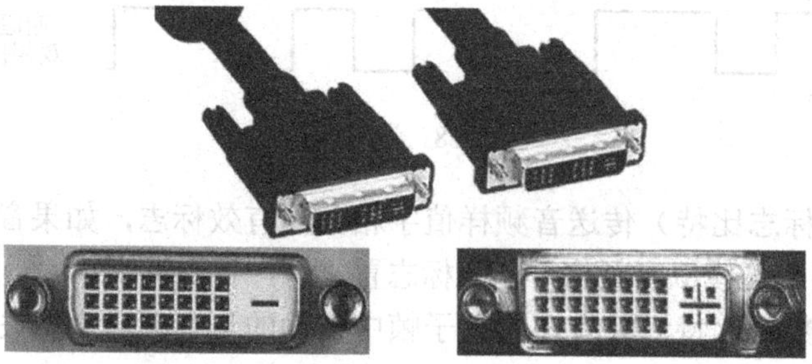

DVI-D 接口　　DVI-I 接口

图 2-20　DVI 接口

3. 认识 SDI 数字分量串行接口

要求：熟悉 SDI 数字分量串行接口外形；掌握其英文全称、主要特点及主要应用场合；了解接口传输信号的数据格式。SDI 数字分量串行接口如图 2-21 所示。

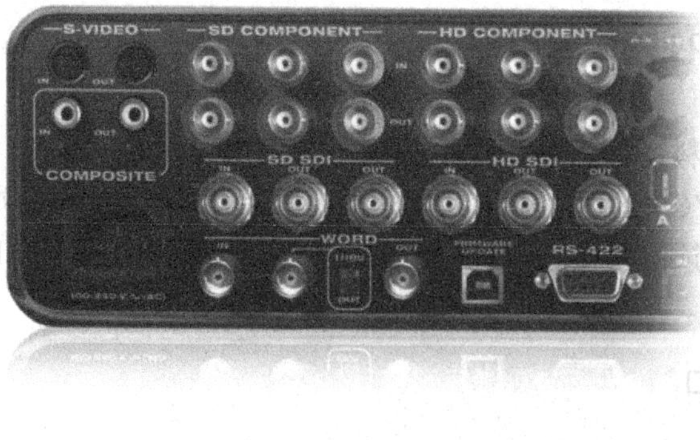

图 2-21　SDI 数字分量串行接口

4. 认识 YPbPr /YCbCr 色差接口

要求：熟悉 YPbPr /YCbCr 色差接口外形；了解 3 个接口传输信号的数据格式及信号波形。YPbPr/YCbCr 色差接口如图 2-22 所示。

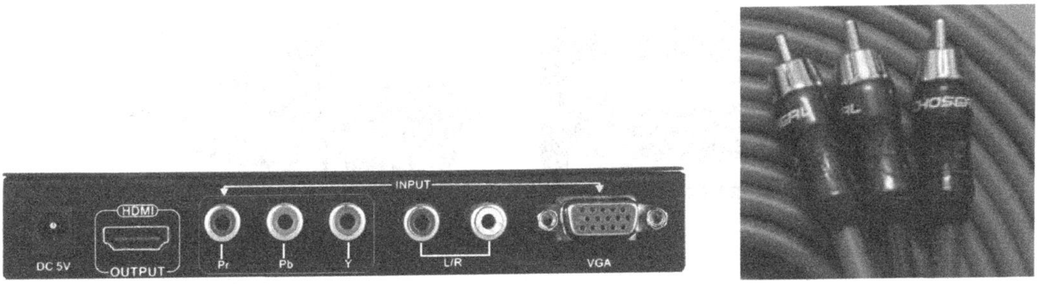

图 2-22　YPbPr /YCbCr 色差接口

5. 认识复合视频接口

要求：熟悉复合视频接口外形；了解 3 个接口传输信号的数据格式及信号波形。复合视频接口如图 2-23 所示。

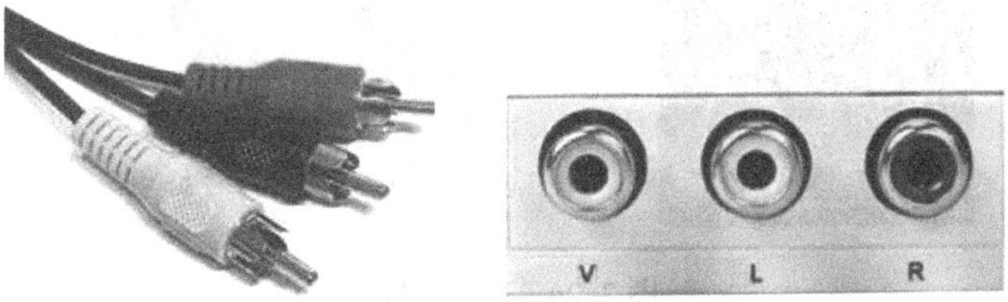

图 2-23　复合视频接口

6. 认识 S-Video 接口

要求：熟悉 S-Video 接口外形；其与复合视频接口相比有何优点，接口的引脚功能及传输信号的波形。S-Video 接口如图 2-24 所示。

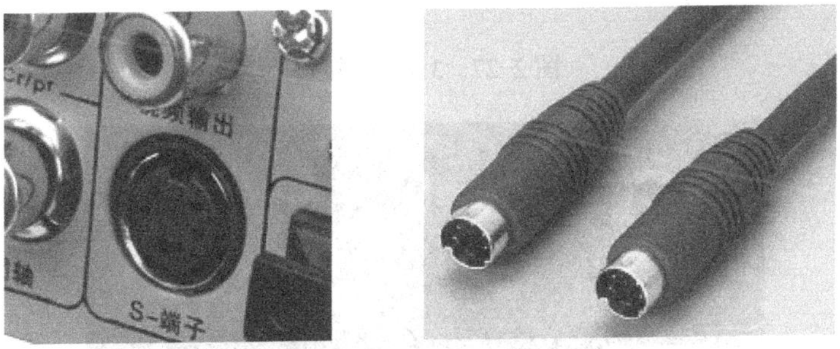

图 2-24　S-Video 接口

7. 认识 VGA 接口

要求：熟悉 VGA 接口外形；掌握接口的主要引脚功能、应用场合。VGA 接口如图 2-25 所示。

图 2-25 VGA 接口

8. 认识常见的 RCA 接口、3.5 音频接口、SPDIF 接口

要求：熟悉 RCA 接口、3.5 音频接口、SPDIF 接口的外形、应用场合。RCA 接口如图 2-26 所示，3.5 音频接口如图 2-27 所示，SPDIF 接口如图 2-28 所示。

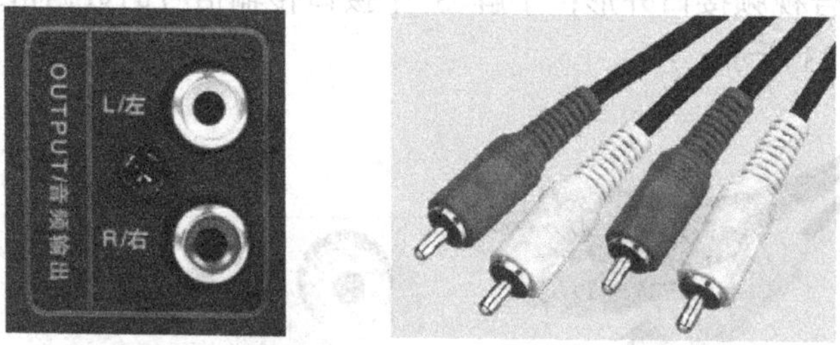

图 2-26 RCA 接口

图 2-27 3.5 音频接口

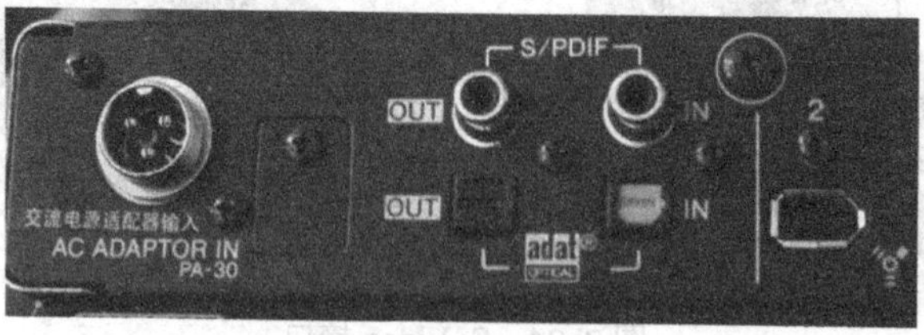

图 2-28 SPDIF 接口

2.3　数字音/视频编码

数字音/视频编码的目的是通过压缩编码技术去除视频、音频、数据等原始信号中的信息冗余，减少码元数目，降低数据传输速率，使信号能在信道中有效传输。

2.3.1　图像压缩编码

1. 图像数据压缩编码的目的

当电视信号被数字化后，码率升高，数据量变大。例如，4∶2∶2 编码、8 比特量化的 SDTV 信号的码率为 216 Mbit/s（13.5 MHz×8 bit+6.75 MHz×8 bit×2）。若每 2 bit 构成一个周期，则传输一路上述 SDTV 信号需要 108 MHz 的通道带宽。一帧 SDTV 图像的数据量约为 8.64 MB，要记录时长为 10 min 的电视节目就需要约 129 GB 的存储容量。因此，若要实现数字电视信号的有效存储和传输，就需要采取措施降低其数据量和码率。

2. 图像数据压缩的机理

大量的视频图像数据中有一些是带有信息的，而另外一些携带的是与其他数据相同的信息，这些数据的总量称为数据量，携带信息的数据称为信息量，携带与信息量具有相同信息的数据称为冗余量。相关分析表明，图像数据中确实存在大量的冗余可供压缩，同时，利用人眼的视觉特性，可以减少要传送的信息而不影响收看质量。图像数据主要存在以下几种冗余。

空间冗余：表现的是图像内相邻像素之间的相关性。在图 2-29 中，像素 a 与像素 b、c、d、e 具有基本相同的亮度和色彩，这些像素经过光电转换及数字化后，各像素具有相同的数据，即相关性很强，在数据中表现为冗余。

图 2-29　空间冗余示意图

时间冗余：表现的是在视频序列中，连续图像间存在的相关性。在图 2-30 中，右边图像与左边图像除飞机所在位置不一样外，背景一致，即具有相同的背景数据，这一部分数据即时间冗余。

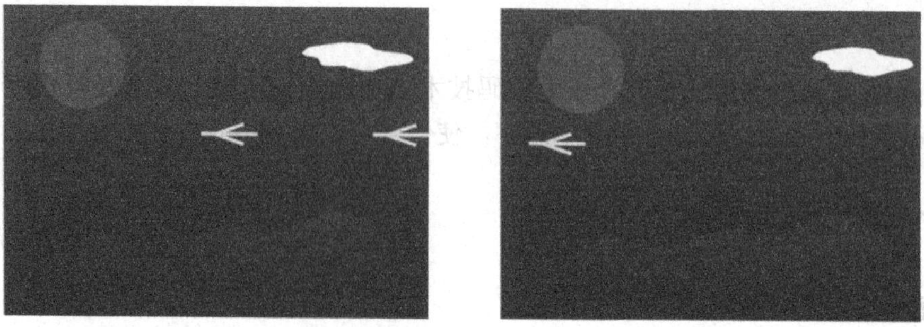

图 2-30　时间冗余示意图

视觉冗余：表现为视频图像的灰尘度等级超出人眼分辨力。例如，一般的视频图像采用的是 28 级的灰度等级，而人眼分辨力仅为 26 级，此差额即视觉冗余。此外，人眼对一幅图像相邻像素的灰度和细节的分辨力，也会因不同的图像内容而有所变化。例如，在观察大面积图像时，人眼对灰度的分辨力高、对细节的分辨力低；在观察细节时，人眼对细节的分辨力高、对灰度的分辨力低；在观察静止图像时，人眼对灰度和细节的分辨力都高；在观察运动图像时，人眼对灰度和细节的分辨力都低。

3. 图像数据压缩的基本原理

图像数据压缩的基本原理框图如图 2-31 所示。

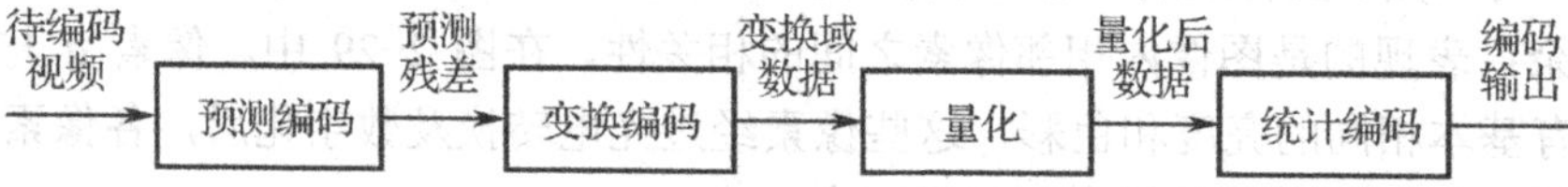

图 2-31　图像数据压缩的基本原理框图

预测编码的作用是减少图像数据在时间和空间上的相关性。预测编码不传送图像像素本身的实际值，而是传送实际值与预测值的差值，这种编码方式称为 DPCM，即差分脉冲编码调制。预测可在帧内或帧间进行：帧内预测根据已传送的像素预测当前像素，压缩图像的空间冗余；帧间预测根据邻近的图像帧预测当前帧，压缩图像的时间冗余。当图像中存在运动物体，简单的预测无法取得良好的效果时，通常采用运动补偿帧间预测方式。DPCM 系统框图如图 2-32 所示。

示例：基于 MPEG 标准预测编码

基于 MPEG 标准预测编码分前向预测和双向预测，如图 2-33 所示。

前向预测以图像 1 为基本参照图像，通过预测器向前预测产生预测图像 4，实际拍摄图像 4 与预测图像 4 相减产生差值信号，以压缩数据量。在图 2-33 中，图像 1 为参照图像，只在其帧编码，称为帧内编码帧，简称 I 帧；图像 4 为向前预测编码帧，简称 P 帧。

双向预测以实际拍摄图像 1 和实际拍摄图像 4 为基本参照图像，通过预测器产生预测

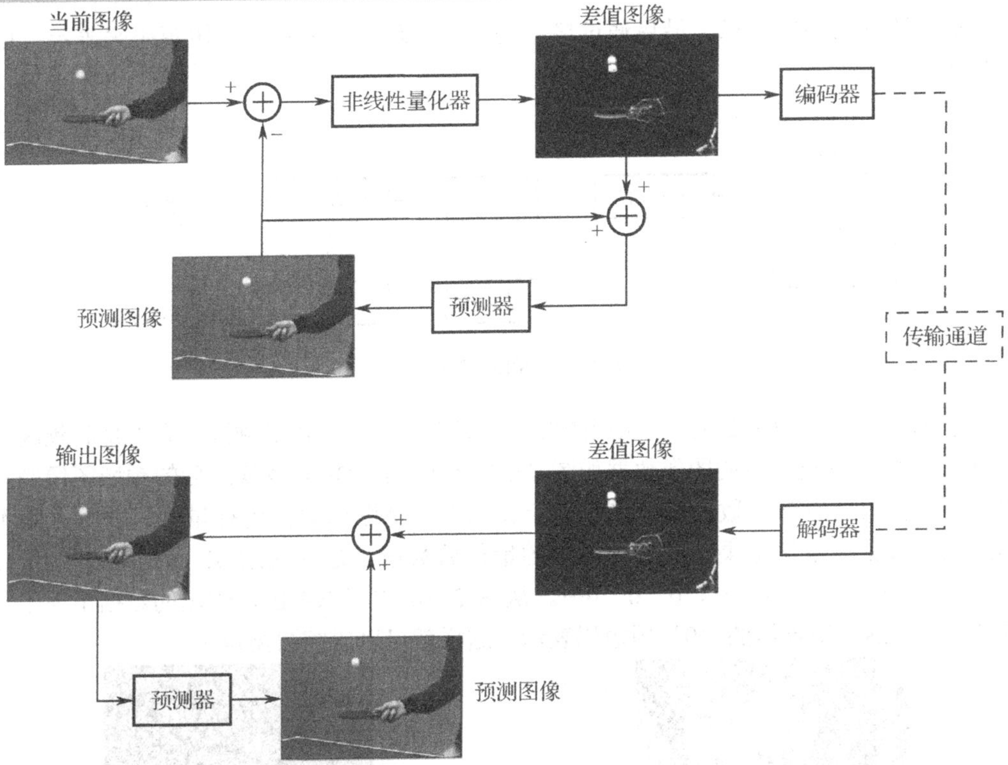

图 2-32　DPCM 系统框图

图像 2 和预测图像 3，实际拍摄图像 2 和实际拍摄图像 3 与分别对应的预测图像相减产生差值信号，以压缩数据量。在图 2-33 中，图像 2 和图像 3 为双向预测内插编码帧，简称 B 帧。

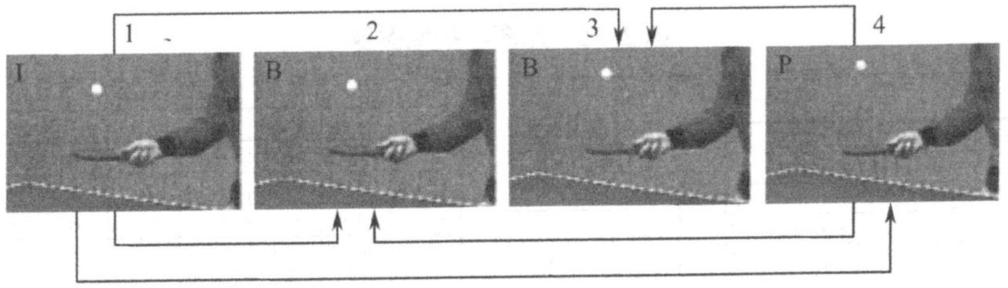

图 2-33　基于 MPEG 标准预测编码

变换编码的基本原理是将在空间域中描写的图像变换到另外的变换域（向量空间）进行描述，根据图像在变换域中系数的特点和人眼的视觉特性进行编码。根据选用的变换函数不同，变换可分为 K-L 变换、哈尔（Haar）变换、离散余弦变换（DCT）和沃尔什（Walsh）变换等。

示例：JPEG 编码过程

JPEG 编码过程如图 2-34 所示。将一幅静止图像分成 8×8 像素块之后输入 DCT 变换器，图像信号经 DCT 变换后转为频域信号，如图 2-35 所示。频域信号经量化器量化去除其中人眼不敏感的高频信息，最后通过熵编码，将出现频率高的长码用短码来表示，以压缩数据量。

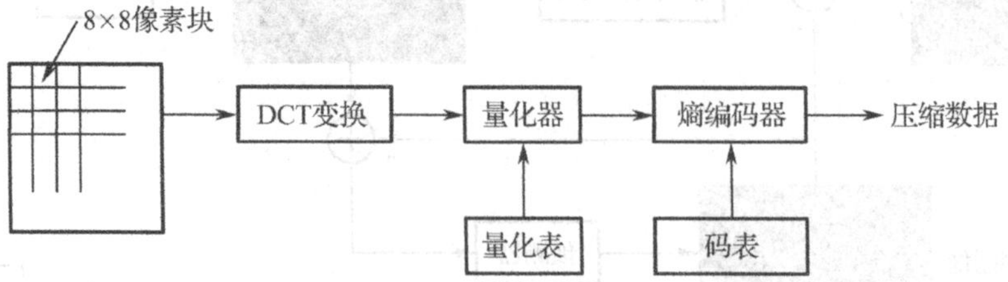

图 2-34　JPEG 编码过程

经过 DCT 变换，图 2-35 中频域图像信息集中在其左上角低频区，右下角高频区的信息量很小。DCT 变换前后的图像数据如图 2-36 所示。经 DCT 变换之后的频域图像的左上角数据绝对值大，右下角数据绝对值小。量化器对频域图像数据进行量化，去除人眼不敏感的高频区数据，量化结果为图 2-36 中的量化后数据；之后通过 Z 形扫描，输出 15、0、-2、 -1、-1、-1、0、-1、0、0、0…。从图 2-36 中可以看出，输出的数据出现了一组连续的“0”，这一组连续的“0”用短码表示，这样就可以压缩数据量了。

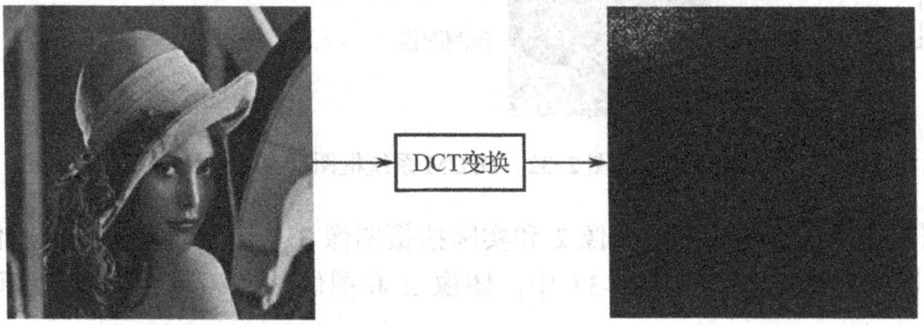

图 2-35　原图与频域图像

原图数据

139	144	149	153	155	155	155	155
144	151	153	156	159	156	156	156
150	155	160	163	158	156	156	156
159	161	162	160	160	159	159	159
159	160	161	162	162	155	155	155
161	161	161	161	160	157	157	157
162	162	161	163	162	157	157	157
162	162	161	161	163	158	158	158

DCT变换 →

频域图像数据（FDCT系数）

235.6	-1.0	-12.1	-5.20	2.1	-1.7	-2.7	1.3
-22.6	-18.5	-6.2	-3.2	-2.9	-0.1	0.4	-1.2
-10.9	-9.3	-1.6	1.5	0.2	-0.9	-0.6	-0.1
-7.1	-1.9	0.2	1.5	0.9	-0.1	0.0	0.3
-0.6	-0.8	1.5	1.6	-0.1	-0.7	0.6	1.3
1.8	-0.2	-1.6	-0.3	-0.8	1.5	1.0	-1.0
-1.3	-0.4	-0.3	-1.5	-0.5	1.7	1.1	-0.8
-2.6	1.6	-3.8	-1.8	1.9	1.2	-0.6	-0.4

量化 →

量化后数据

15	0	-1	0	0	0	0	0
-2	-1	0	0	0	0	0	0
-1	-1	0	0	0	0	0	0
0	0	0	0	0	0	0	0
0	0	0	0	0	0	0	0
0	0	0	0	0	0	0	0
0	0	0	0	0	0	0	0
0	0	0	0	0	0	0	0

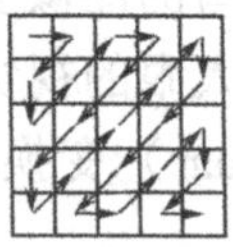

Z形扫描 → 15，0，-2，-1，-1，-1，0，-1，0，0，0…

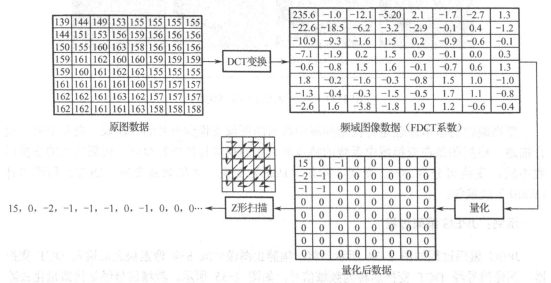

图 2-36　DCT 变换前后的图像数据

统计编码是基于量化后数据统计特性进行的无失真编码，是根据信息论原理（在压缩图像数据时，只要不丢失信息熵，解码后就可以无失真地恢复原图像）实现的，又称熵编码。常用的统计编码有霍夫曼编码和算术编码等。统计编码的基本思想是将出现概率较高的长码用短码表示。

混合编码。在实际应用中，前面介绍的几种编码方法通常是结合使用的，以达到最好的压缩效果。图 2-37 给出了混合编码的模型，该模型普遍应用于 MPEG1、MPEG2、H.264 等标准中。

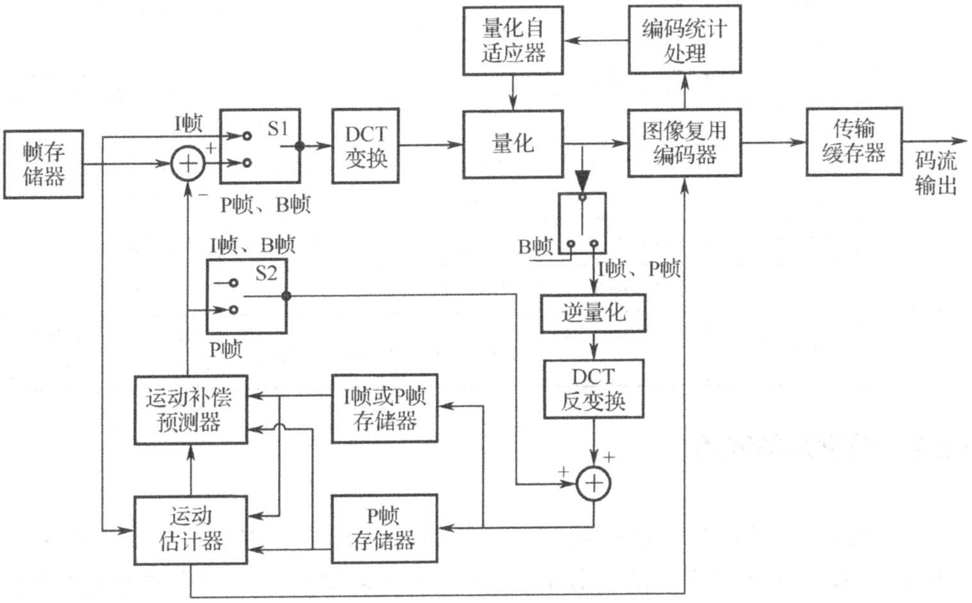

图 2-37　混合编码的模型

4. 图像压缩编码国际标准

国际标准化组织（International Standardization Organization，ISO）、国际电工委员会（International Electronics Committee，IEC）和国际电信联盟（International Telecommunications Union，ITU）等组织对不同时期图像压缩编码的研究成果进行了整理和加工，制定了几类通用的图像压缩编码国际标准（见表 2-3），这些标准代表了不同时期图像压缩编码的发展水平。

表 2-3　图像压缩编码国际标准

标准	发布时间	制定者	标题	应用场合
MPEG-1	1992 年 11 月	MPEG	Coding of Moving Pictures and Associated Audio for Digital Storage Media	家用视频、视频监控、光盘存储等
MPEG-2	1994 年 11 月	MPEG	Generic Coding of Moving Pictures and Associated Audio Information	DVD、数字电视、高清晰度电视、卫星电视等

续表

标准	发布时间	制定者	标题	应用场合
MPEG-4	1999 年 5 月	MPEG	Coding of Audio-Visual Objects	交互式视频、移动通信、专业视频等
H.261	1990 年 12 月	ITU	Video Codec for Audio Visual Services at p×64 kbit/s	综合业务数字网、视频会议等
H.263	1996 年 3 月		Video Coding for Low Bit Rate Communication	移动视频、可视电话等
H.263+	1998 年 1 月			
H.263++	2000 年 11 月			
H.264/AVC	2003 年 3 月	JVT of MPEG ITU	Advance Video Coding	视频通信、数字摄像机及移动视频等
AVS	2006 年 3 月	中国 AVS 工作组	Audio and Video coding Standard	视频通信、监控、HDTV 及移动视频等
VC-1	2003 年 9 月	SMPTE	Windows Media Video 9	高清电影编码
ON2 VP8	2008 年 9 月	ON2 Tech.	ON2 VP8	互联网视频编码
HEVC	2013 年 1 月	JCTVC of MPEG ITU	High efficiency video coding	视频通信、监控、HDTV、Ultra HDTV 及数字摄像机等

2.3.2 数字音频编码

未压缩的数字音频信号的数据量较大，比如，对于 5.1 声道信号，若其采样频率 f_s=48 kHz、n=18 bit，有 6 个声道，则 R=48×18×6=5.184 Mbit/s。而高清晰度电视图像信号压缩后的码率大约为 30 Mbit/s。因此，为了利用有限的频带资源，需要对数字音频信号进行压缩编码。

1. 音频数据冗余

数字音频压缩编码采取的是去除音频信号中冗余成分的方法。冗余成分指的是音频信号中无法被人耳感知的信号，这些信号对确定音频的音色、音调等信息没有任何影响。人耳对不同频率音频信号的敏感度是不同的，频率相邻的两个音频信号可能会因为某一个音频信号的能量足够大，而导致另一个音频信号无法被人耳感知，这种现象称为掩蔽效应。掩蔽效应分为绝对掩蔽效应、时域掩蔽效应、频域掩蔽效应 3 种。

绝对掩蔽效应指声音信号因能量低于安静值而不能被人耳感知的现象。一个频率的声音能量小于某个阈值之后，人耳就会听不到，这个阈值称为最小可闻阈，阈值以下即听不见的声音信号。

频域掩蔽效应如图 2-38 所示。当出现能量较大的音频时，该音频频率附近的阈值会提高很多，即频域掩蔽效应。例如，有一个声强为 60 dB、频率为 1000 Hz 的纯音，还有一个声强为 38 dB、频率为 1100 Hz 的纯音，前者比后者的声强高 22 dB，此时只能听到频率为 1000 Hz 的强音。

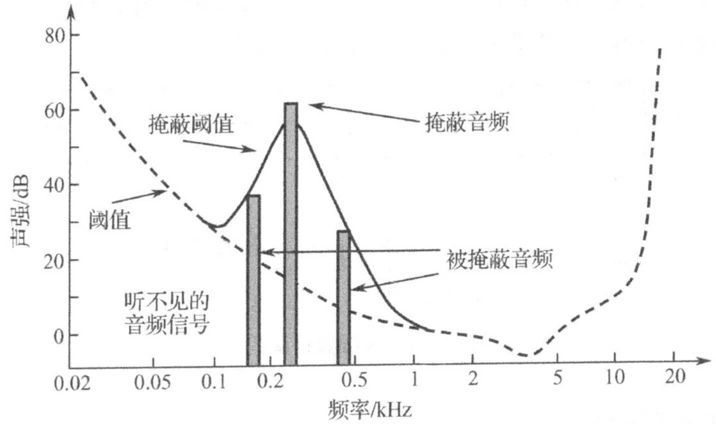

图 2-38　频域掩蔽效应

时域掩蔽效应，是指时间上相邻的两个音频信号，能量较强的音频信号掩蔽能量较弱的音频信号的现象。产生时域掩蔽效应的主要原因是人的大脑处理信息需要花费一定的时间，并不能立即对外界的刺激做出反应。时域掩蔽过程曲线如图 2-39 所示。时域掩蔽过程分为前掩蔽、同时掩蔽和后掩蔽 3 部分。前掩蔽是指在人耳听到强音频信号之前的短暂时间内，已经存在的弱音频信号会被掩蔽，从而使人耳无法听到弱音频信号。同时掩蔽是指当强音频信号与弱音频信号同时存在时，弱音频信号会被强音频信号掩蔽从而导致人耳无法听到弱音频信号。后掩蔽是指当强音频信号消失后，人耳重新听见弱音频信号需要经过较长的时间。这些被掩蔽的弱音频信号即冗余信号。

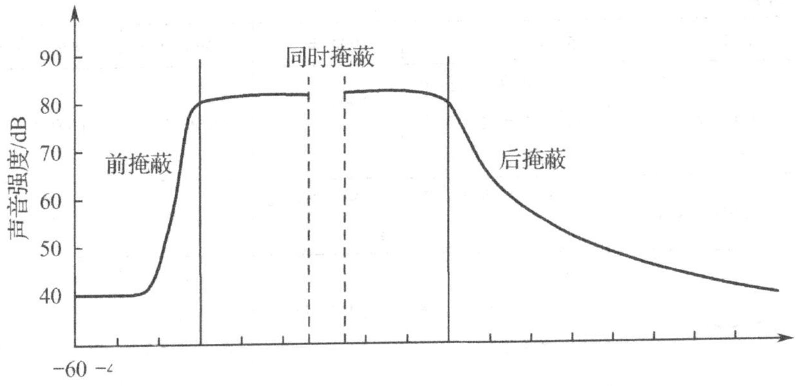

图 2-39　时域掩蔽过程曲线

2. 音频数据编码

当前音频数据编码领域存在许多不同的编码方案和实现方式，但它们的基本编码原理大同小异。音频数据编码如图 2-40 所示。每个音频声道中的 PCM 音频信号都要被映射到频域中。每个音频声道中的音频采样块首先根据心理声学模型计算掩蔽门限值，然后根据计算出的掩蔽门限值决定为该声道的不同频率域分配多少比特数，之后进行量化、编码，最后将控制参数及辅助数据加入数据中，产生编码后的数据流。

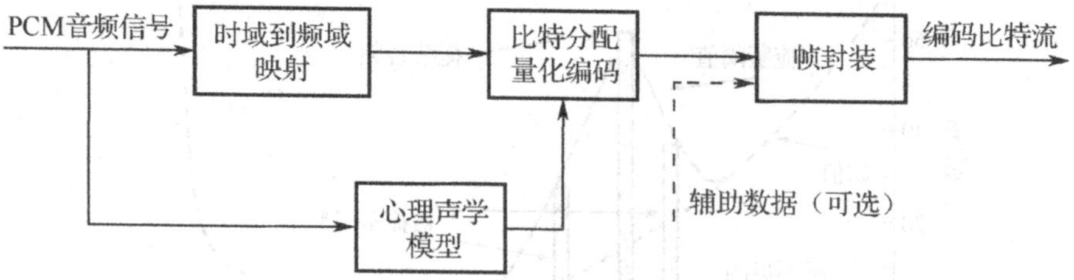

图 2-40　音频数据编码

3. 音频数据编码标准

音频数据编码的标准主要由国际电工委员会第一联合技术组（ISO/IEC JTC1）的运动图像专家组（Moving Picture Expert Group，MPEG）制定。音频数据编码标准如表 2-4 所示。

表 2-4　音频数据编码标准

标准	编码格式	声道	发布时间	制定者	应用场合
MPEG-1	MPEG-1 Layer1	双声道	1992 年 1 月	MPEG	数字盒式磁带（DCC）
	MPEG-1 Layer2	双声道	1992 年 1 月	MPEG	数字电视、CD-ROM 和 VCD
	MPEG-1 Layer3（MP3）	双声道	1992 年 1 月	MPEG	网络音乐传输
AC-3	AC-3	5.1 声道	1994 年	Dolby Inc.	电影、美国数字电视
MPEG-2	MPEG-2 BC	向后兼容，支持单声道、双声道、多声道，可达 5.1 声道	1994 年 11 月	MPEG	HDTV
MPEG-2	MPEG-2 AAC	向后不兼容 5.1 声道	1997 年 12 月	MPEG	能灵活适应多种场合
AVS	AVS-P3	支持单声道、双声道、多声道	2007 年 3 月	中国音/视频编码技术委员会（AVS）	数字电视、宽带网络流媒体、移动通信等

实训 4　认识数字电视编码器

要求：认识数字电视编码器外形；查找资料了解编码器输入/输出接口的功能；了解编码器支持的输入信号格式、编码输出的节目传输流格式。数字电视编码器如图 2-41 所示。

图 2-41　数字电视编码器

2.4　数据流及传输技术

MPEG-2 标准主要规定了如何将一个或多个视频数据流、音频数据流和其他辅助数据流复合成一个码流以适应存储和传送要求。

2.4.1　系统复用

复用器是系统的关键设备之一，它接收前端编码器传来的视频数据流和音频数据流，并按照一定的复用规范将这些数据流复用成符合 MPEG-2 系统层规范的单一系统码流。单路节目的音/视频数据流的系统复用框图如图 2-42 所示。

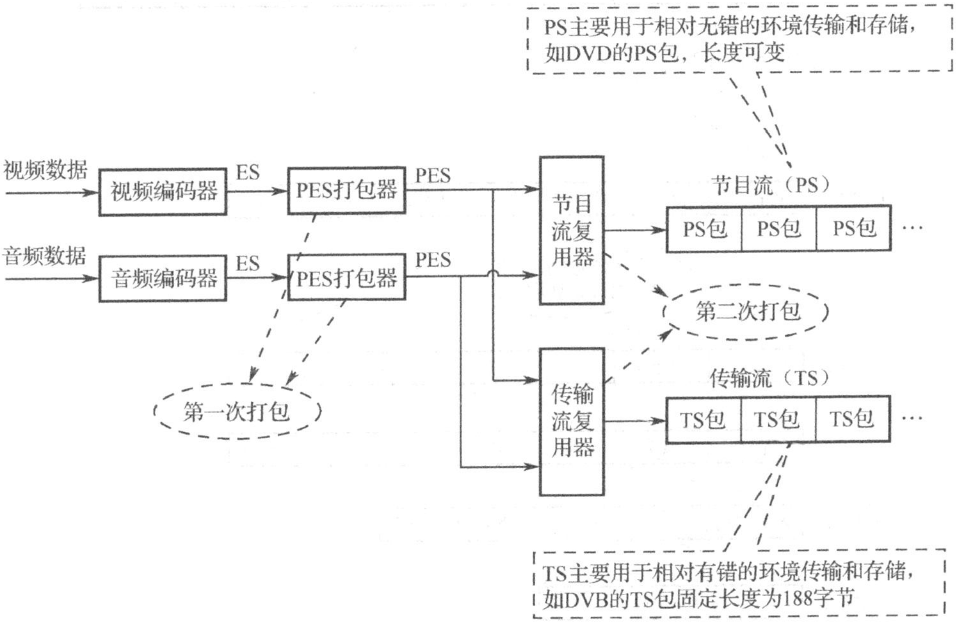

图 2-42　单路节目的音/视频数据流的系统复用框图

1. ES

ES（Elementary Stream）是经 MPEG-2 音（视）频编码器编码后的音（视）频数据流和其他数据流。图像的分割如图 2-43 所示。视频编码器输出的 ES 数据结构如图 2-44 所示。音频编码器输出的 ES 数据结构如图 2-45 所示。

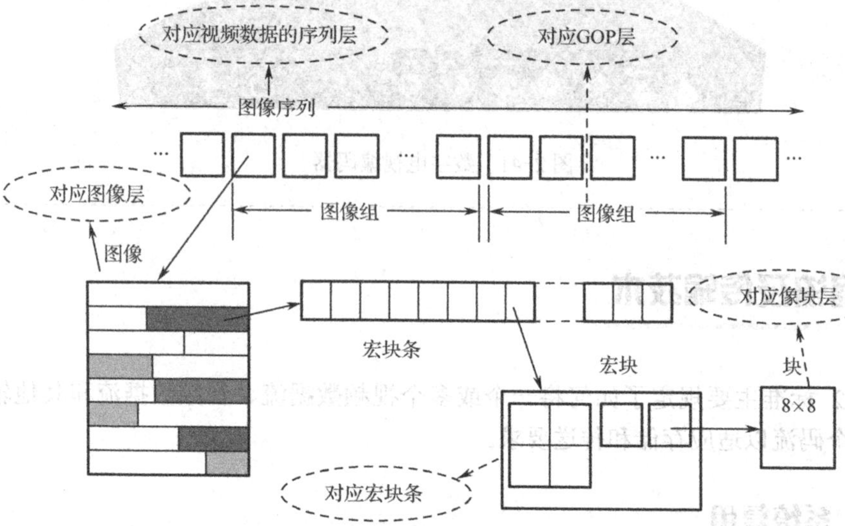

图 2-43　图像的分割

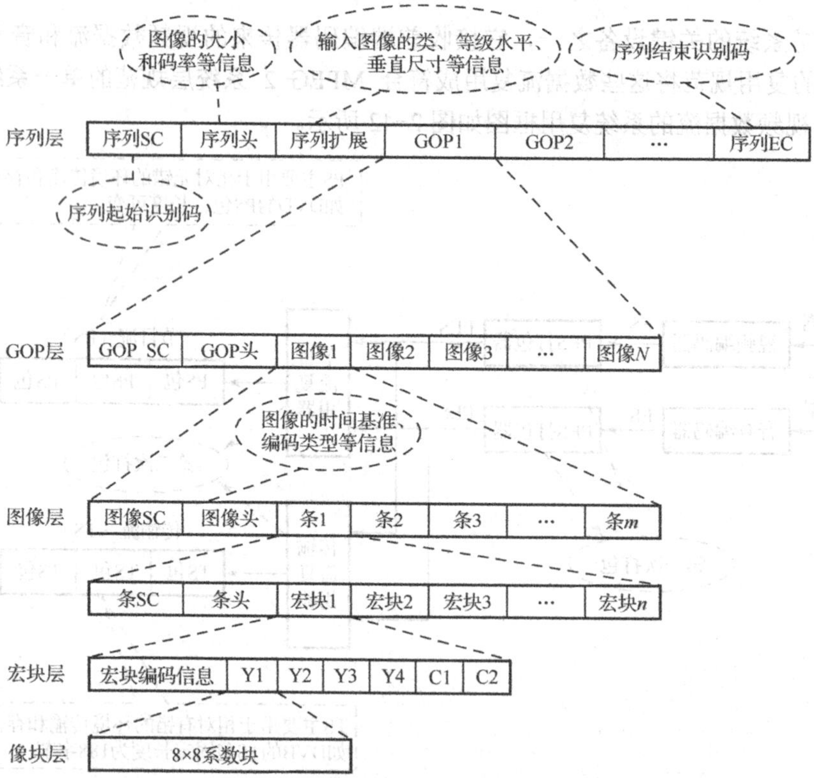

图 2-44　视频编码器输出的 ES 数据结构

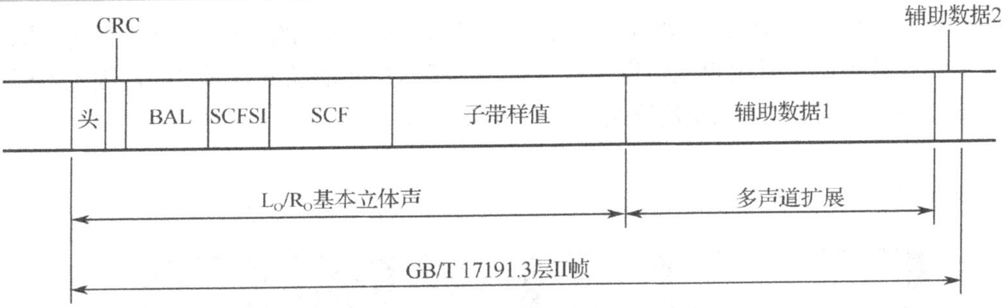

图 2-45　音频编码器输出的 ES 数据结构

2. PES（Packetized Elementary Stream）

PES 是指 ES 经过 PES 打包器处理后的数据流，在打包过程中，完成了对 ES 的分组、打包、加上包头信息等操作（对 ES 的第一次打包）。PES 的基本单位是 PES 包。PES 包是非定长包，音频数据的 PES 包的长度不超过 64 千字节，而视频数据一般一帧对应一个 PES 包。为了实现解码的同步，每段 PES 之前还需要插入相应的时间标记及相关的标志符。PES 数据结构如图 2-46 所示。

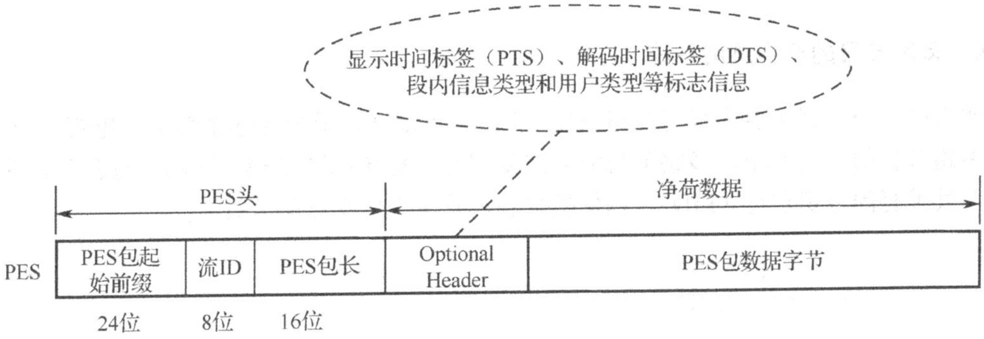

图 2-46　PES 数据结构

3. PS（Program Stream）和 TS（Transport Stream）

PS 适用于误码小、信道较好的环境，如演播室、家庭环境和存储媒介，其基本单位是 PS 包，长度可变。PS 数据结构如图 2-47 所示。

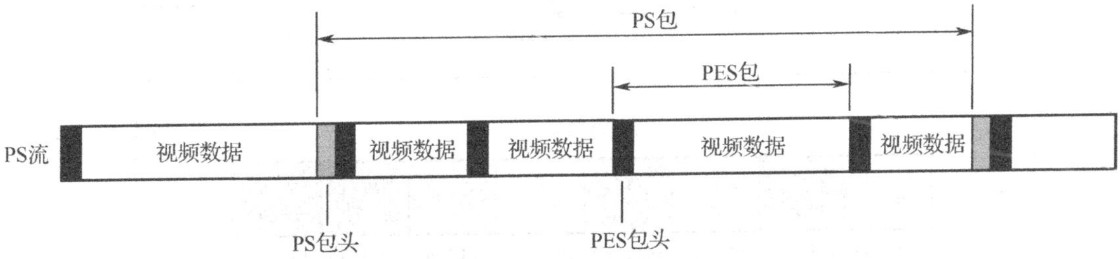

图 2-47　PS 数据结构

TS 用于性能较差的信道环境（如 DVB），其基本单位是 TS 包，长度不可变，固定为 188 字节，当长度不足时由填充数据进行填充。由于 TS 包的长度是固定的，因此解码器容易对其定位找出同步信息。TS 数据结构如图 2-48 所示。

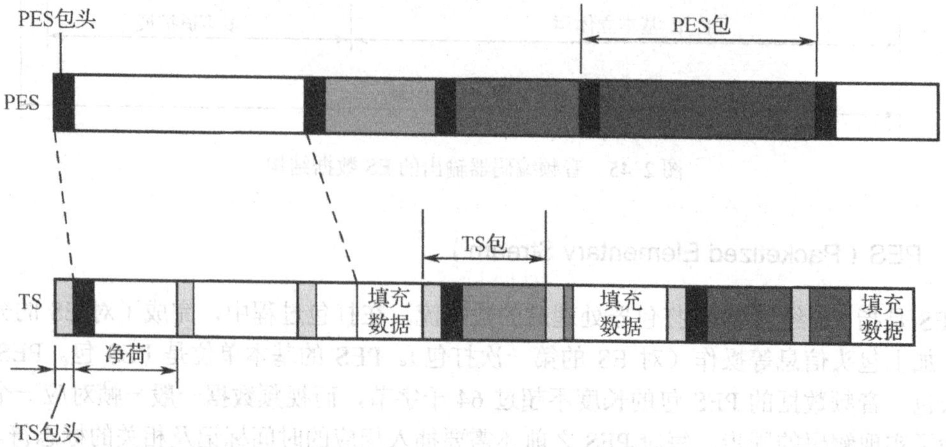

图 2-48　TS 数据结构

4. 多路节目的双层复用系统

如果在一个电视频道内复用几路 TS，即在一个常规频道内传输多套数字电视节目，则称为多路节目的双层复用。多路节目的双层复用系统框图如图 2-49 所示。每套节目的 TS 可包含其独有的包识别符（PID），以供接收者选看所需要观看的节目。

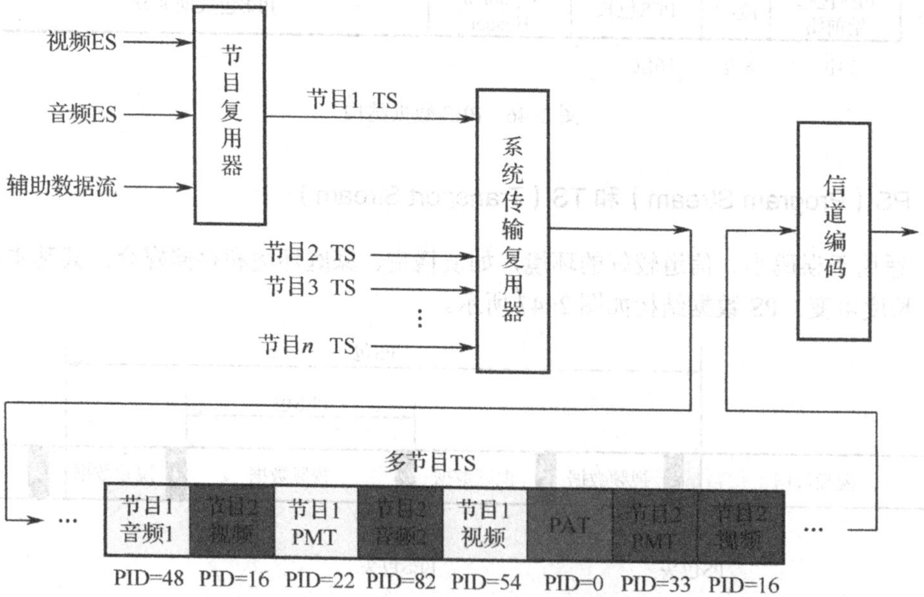

图 2-49　多路节目的双层复用系统框图

2.4.2　信道编码

信道编码的目的是提高信号传输的可靠性。信道编码的基本原理是根据一定的规律在待发送的码中加入一些附加码元，使编出的码按照一定的规律产生某种相关性，从而具有一定的检错或纠错能力。当码在信道中传输时，若码字出现错误，接收端能利用编码规律发现码的内在相关性受到破坏，从而按照一定的译码规则自动纠正错误，降低误码率。信道编码的任务是构造出以最小冗余度代价换取最大抗干扰性能的“好码”。信道编码的一般结构如图 2-50 所示。

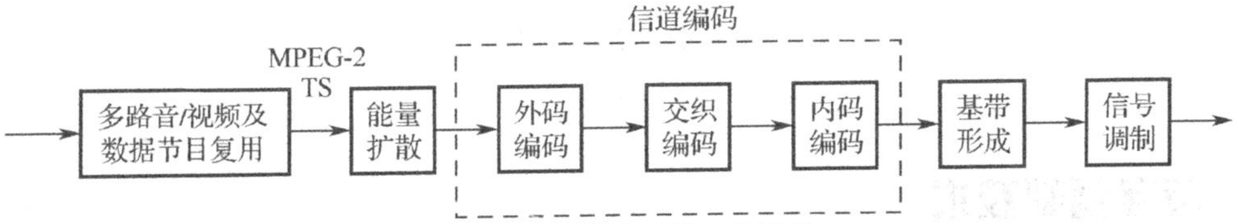

图 2-50　信道编码的一般结构

信道编码主要包括外码编码、交织编码、内码编码 3 部分。当信道产生少量随机错误时，通过内码就可以纠正。当信道产生较长的突发错误或随机错误很多时，内码无法完成纠错，此时需要通过外码译码器进行纠正。两级级联码的差错控制系统可以解决信道编码性能与设备复杂性的矛盾。

示例：DVB-T 中的外码编码

DVB-T 中的外码编码采用的是 RS 编码，即里德-所罗门编码，在每 188 字节后加入 16 字节的 RS 码（码长为 204 字节，信息位长度为 188 字节），它能够校正 TS 包内 8 个误码字节（t=8）。RS 码是分组码中的一种，其特点是只纠正与本组有关的误码，对纠正突发性的误码十分有效，适合前向纠错。DVB-T 中的外码编码如图 2-51 所示。

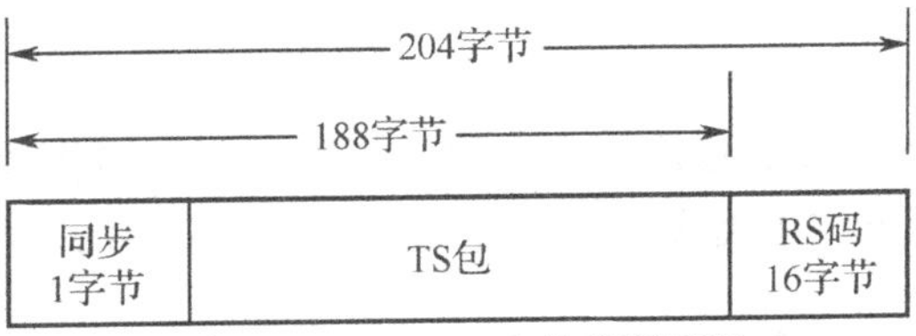

图 2-51　DVB-T 中的外码编码

实训 5　认识数字复用器

要求：熟悉数字复用器外形；查找资料了解 8 路输入接口支持的数字信号格式、4 路输出接口支持的数据流格式。数字复用器如图 2-52 所示。

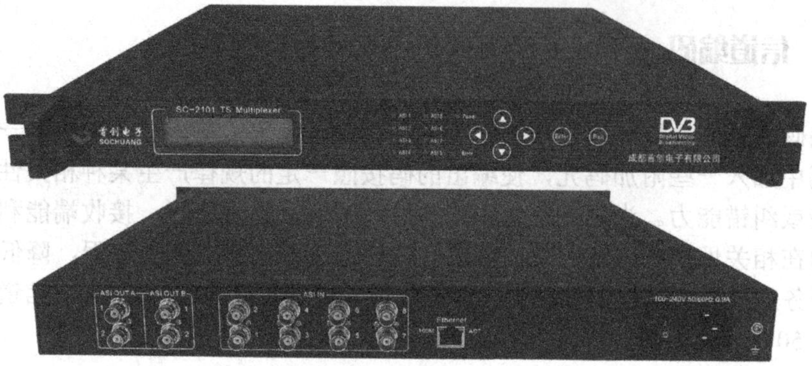

图 2-52　数字复用器

2.5　数字调制技术

信号调制的目的：将基带信号变换成适合在信道中传输的已调信号；通过调制增强信号的抗噪声能力；实现信道的多路复用。信道的频率资源十分宝贵，可以利用调制方法将多个信号的频谱按一定规则排列在信道带宽的相应频段内，从而实现同一信道中多个信号互不干扰地同时传输，这称为频分复用。

2.5.1　基本数字调制方式

载波信号有 3 个特征分量，即幅度、频率和相位。数字调制可以分别对载波信号的幅度、频率和相位进行调制，从而得到幅移键控（ASK）、频移键控（FSK）、相移键控（PSK）3 种基本调制方式。

1. 幅移键控

以基带数字信号控制载波信号幅度变化的调制方式称为幅移键控，又称数字调幅。幅移键控可以通过乘法器或开关电路实现。幅移键控如图 2-53 所示。

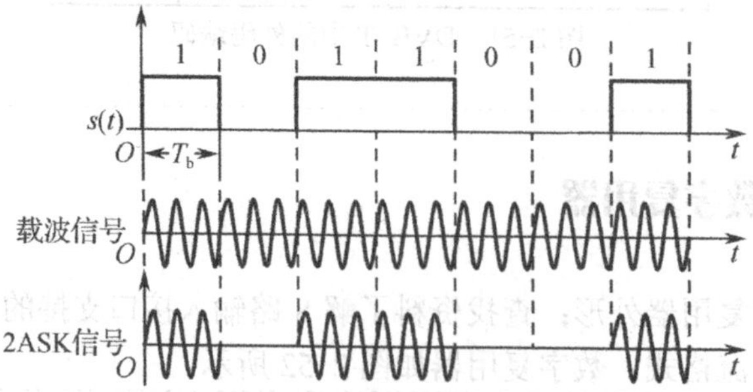

图 2-53　幅移键控

2. 频移键控

以数字信号控制载波信号频率变化的调制方式称为频移键控（见图 2-54）。相位连续的频移键控是利用基带信号对某个压控振荡器（VCO）进行频率调制的。相位不连续的频移键控是由单极性不归零码对两个独立的载频振荡器进行键控，以产生相位不连续的 FSK 信号的。

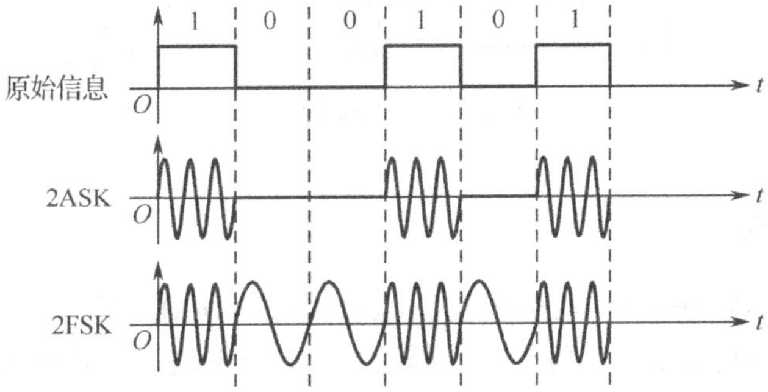

图 2-54 频移键控

3. 相移键控

以数字信号控制载波信号相位变化的调制方式称为相移键控（见图 2-55）。实现相移键控的方法有两种：将基带数字信号（双极性）与载波信号直接相乘；用基带数字信号对相位相差 180° 的两个载波信号进行选择。

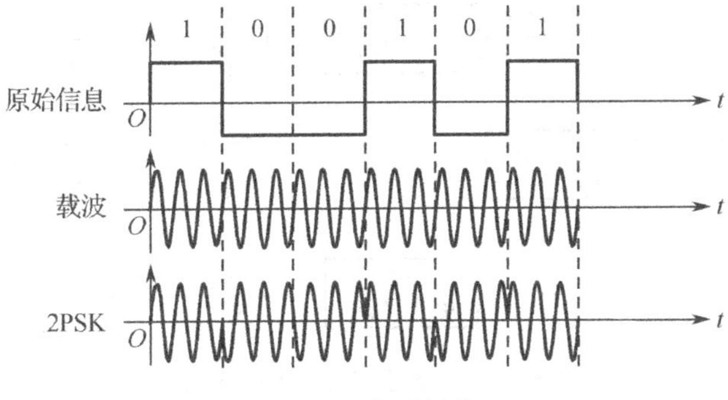

图 2-55 相移键控

2.5.2 常见的数字调制技术

1. 四相移相键控调制

四相移相键控（Quadrature Phase Shift Keying，QPSK）调制（见图 2-56）又称正交相移键控调制，是一种利用转换或调制传输数据的调制技术。

四相移相键控调制的每个符号都能够进行两位编码。

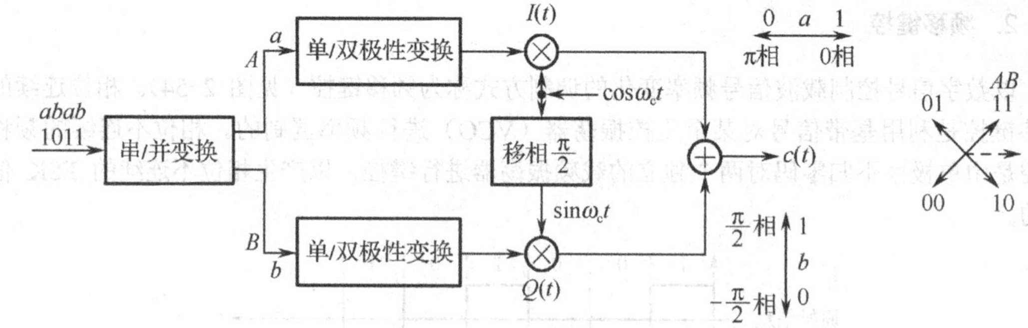

图 2-56　四相移相键控调制

2. 正交幅度调制

正交幅度调制（Quadrature Amplitude Modulation，QAM）是一种利用两个正交载波信号进行幅度调制的调制技术，其每个符号都能进行多位编码。与其他调制技术相比，正交幅度调制具有能充分利用带宽、抗噪声能力强等优点。

示例：16 正交幅度调制

16 正交幅度调制框图如图 2-57 所示。输入的串行数据流经过串/并变换分成两路双比特流 a_1a_2 和 b_1b_2，这两路双比特流经电平转换后，将 4 种数据组合（00、01、11、10）变换成 4 种模拟信号电平（+3、+1、−1、−3），模拟信号电平经调制后通过加法器输出。16 正交幅度调制星座图如图 2-58 所示。

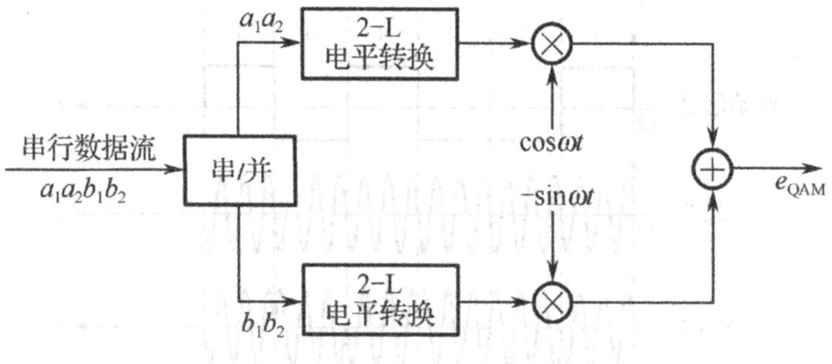

图 2-57　16 正交幅度调制框图

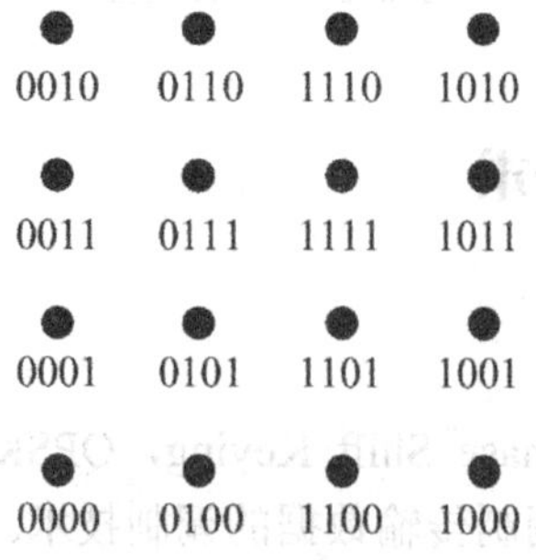

图 2-58　16 正交幅度调制星座图

3. 正交频分复用调制

正交频分复用调制（Orthogonal Frequency Division Multiplexing，OFDM）是一种应用于无线环境的高速传输技术。正交频分复用调制的主要原理是在频域内将给定信道分成许多正交子信道，在每个子信道上使用一个子载波进行调制，并且各子载波并行传输。正交频分复用调制是一种多载波调制方式，通过串/并变换将高速率的信息流转换成低速率的 N 路并行数据流，然后用 N 个相互正交的载波对 N 路并行数据流进行调制，N 路调制后的信号相加即发送信号。COFDM（编码正交频分复用）技术结合了正交频分复用调制与信道编码，其每个载波所使用的调制方式可以不同，即各个载波能够根据信道状况选择不同的调制方式，如 BPSK、QPSK、8PSK、16 正交幅度调制、64 正交幅度调制等。COFDM 发射端工作原理如图 2-59 所示。

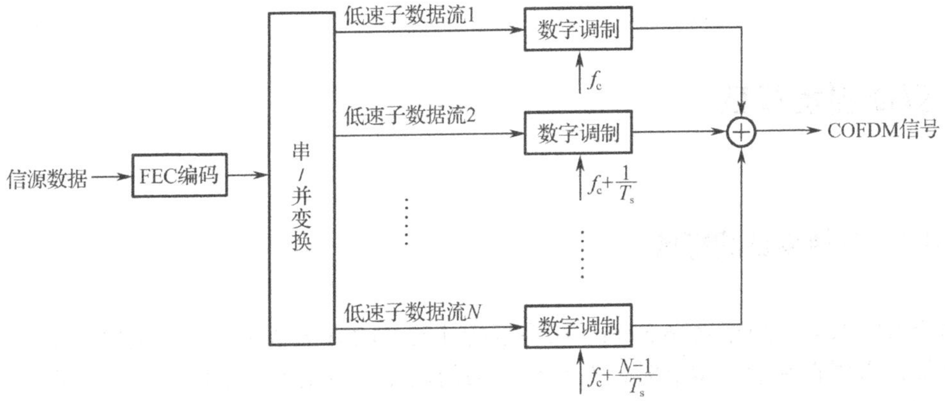

图 2-59　COFDM 发射端工作原理

COFDM 技术在无线图像传输方面有如下独特优势。

（1）COFDM 技术具有超强的“绕射”“穿透”能力。在城区、山地、建筑物等有阻挡物的环境中，采用 COFDM 技术的设备能够实现图像的稳定传输，不受环境影响或受环境影响小。采用 COFDM 技术的系统利用全向天线可以在很短的时间内完成无线传输链路的架设，接收端可以随意移动且不受方向的限制，系统简单、可靠、应用灵活。

（2）COFDM 技术适用于高速移动平台图像的实时无线传输，可用于车辆、船舶、直升机等平台。

（3）COFDM 技术传输带宽大，适合高码流、高画质的音/视频传输。COFDM 技术的每个子载波都可以使用 QPSK、16 正交幅度调制、64 正交幅度调制等高速调制方式，合成后的信道速率一般均大于 4 Mbit/s。

（4）COFDM 技术具备优异的抗干扰性能，具有很强的抗衰落能力（通过各个子载波的联合编码），可用于复杂电磁环境。

实训 6　认识数字电视调制器

要求：熟悉 QAM860-B2 多路调制器外形（见图 2-60）；查找资料了解该调制器

8 路输入接口及 2 路 RF 输出接口的功能；了解 RF 信号的频率范围。

图 2-60 QAM860-B2 多路调制器外形

2.6 立体显示技术

2.6.1 立体视觉的形成

每个人的双眼大约相隔 6.5 cm，在观察物体时，两只眼睛从不同的位置和角度注视物体。例如，人眼在观察一本书时，左眼看到书的左侧，右眼看到书的右侧，这本书的左侧和右侧同时在人眼的视网膜上成像，而我们的大脑可以通过对比这两幅不同的“影像”自动判断物体的距离，从而产生强烈的立体感，如图 2-61 所示。

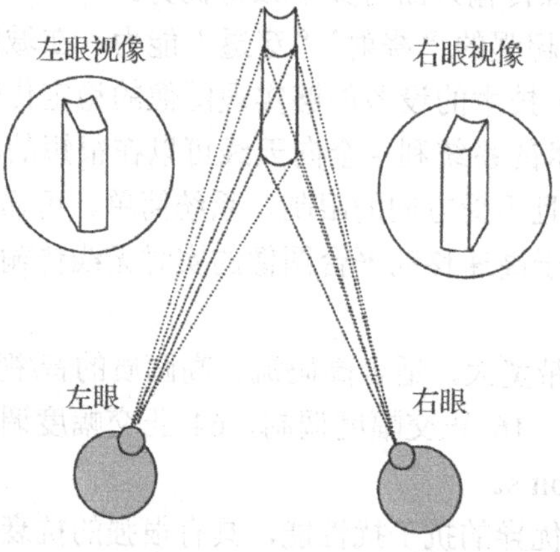

图 2-61 双眼的视差

引起立体感的效应称为视觉位移。当两只眼睛同时观察一个物体时，物体上的每一点对两只眼睛都有一个张角，物体距离双眼越近，每一点对双眼的张角越大，视觉位移也越大，如图 2-62 所示。

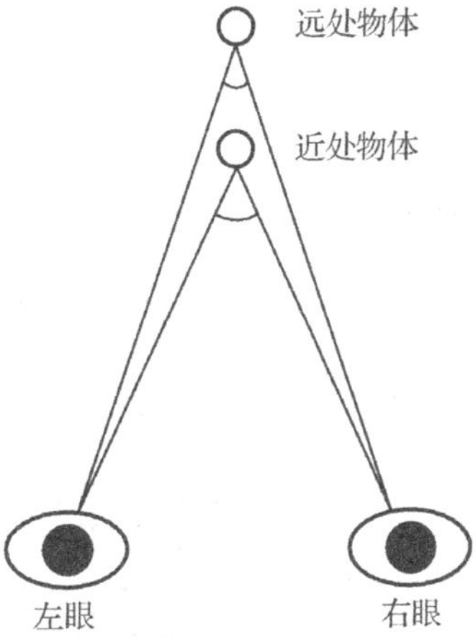

图 2-62　物体与人双眼的视角张角

视觉位移使我们能区别物体的远近，并获得有深度的立体感。由于双眼对距离我们较远的物体的视线几乎是平行的，视觉位移几乎为零，所以我们很难判断距离我们较远的物体的距离，更不会对它产生立体感觉。当我们在夜晚仰望星空时会感觉看到的所有星星似乎都在同一球面上，并且分不清远近，这就是视觉位移为零造成的结果。若只有一只眼睛，则无法实现视觉位移，也无法产生立体感。例如，若闭上一只眼睛穿针引线，往往感觉线已经穿过针孔了，但实际上，线并没有穿过针孔。

从一幅平面的图像中获得立体感的前提是这幅平面的图像必须包含两幅具有一定视差的图像的信息，此外还需要通过适当的方法和工具将这两幅具有一定视差的图像分别传送到我们的左、右眼睛。若要获得立体的图像则需要两台照相机或摄像机，由此诞生了虚拟立体显示技术，立体电影最早引入了该技术。在拍摄立体电影时，用两台并列安置的摄影机同步拍摄两条略带水平视差的电影画面，这样影片包含的信息就与人双眼在拍摄现场看到的画面一样了。

常用的获得立体图像的方式如下。

（1）利用双镜头摄像机拍摄（见图 2-63），这是获得立体图像最常用的方式。将双镜头摄像机按照一定的间距、夹角排列，并将拍摄出的图像组合在一起就可以产生立体效果。

图 2-63　双镜头摄像机

（2）在三维软件中添加多个虚拟摄像机并添加多个拍摄机位，这种方法与现实中使用双镜头摄像机拍摄原理相同。

（3）利用相关软件对图像的景深数值进行设置，软件按照一定的算法最终得出立体效果。

2.6.2 常见的立体显示技术

在获得立体图像之后，还需要通过一定的立体显示技术才能将立体图像显示出来。立体显示技术分为两类，一类是眼镜式立体显示技术，另一类是自由立体显示技术，具体如图 2-64 所示。

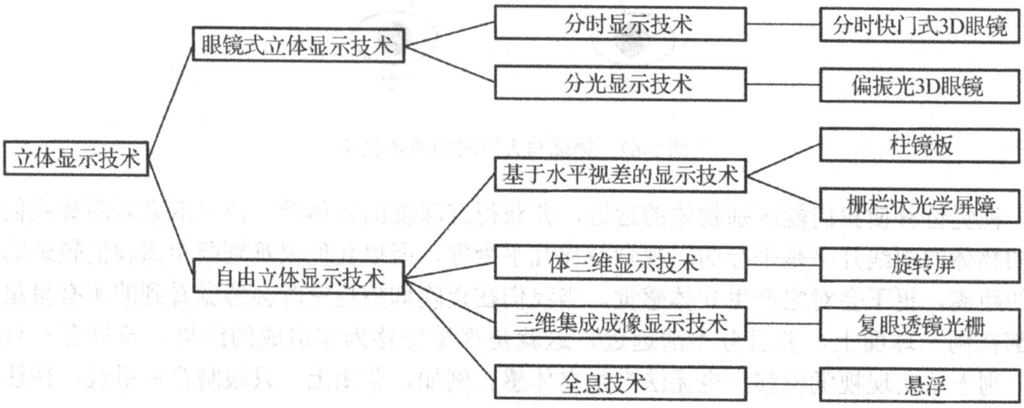

图 2-64　立体显示技术的分类

1. 眼镜式立体显示技术

1）分时快门式 3D 眼镜

分时快门式 3D 眼镜（见图 2-65）是采用主动式液晶镜片构成的 3D 眼镜，运用液晶透光原理，以每秒数十次的频率交替遮蔽左、右眼视线。分时快门式 3D 眼镜在播出左眼画面时右眼镜片变黑，在播出右眼画面时左眼镜片变黑，从而实现立体显示的效果。由于分时快门式 3D 眼镜是采用左右交替方式播放画面的，在同一时间内只有一只眼睛能看到画面，因此当开启 3D 显示模式时，画面刷新频率会变为原来的一半。如果屏幕刷新频率为 60 次/s，那么每只眼睛接收到的画面的刷新频率会降至 30 次/s，观看者会感受到明显的闪烁。为避免闪烁问题，目前各厂商采用的方案大多是将屏幕刷新频率调至 120 次/s。

图 2-65　分时快门式 3D 眼镜

2）偏振光 3D 眼镜

偏光式 3D 技术又称偏振式 3D 技术，采用该技术的眼镜称为偏振光 3D 眼镜。双镜头摄像机左边镜头的影像经过横偏振片过滤，得到横偏振光；右边镜头的影像经过纵偏振片过滤，得到纵偏振光。偏光式 3D 技术如图 2-66 所示。偏振光 3D 眼镜的左、右镜片分别装有横偏振片和纵偏振片，横偏振光只能通过横偏振片，纵偏振光只能通过纵偏振片，这样就保证了双镜头摄像机左边镜头拍摄的图像只能进入左眼、右边镜头拍摄的图像只能进入右眼，于是就产生了立体效果。

图 2-66　偏光式 3D 技术

2. 自由立体显示技术

自由立体显示技术是指不需要佩戴诸如偏振光 3D 眼镜等附属设备的三维立体显示技术，可以避免因佩戴附属设备产生的恶心、头晕等不适感。根据立体图像生成技术，自由立体显示技术可分为全息技术、三维集成成像显示技术、体三维显示技术和基于水平视差的显示技术 4 类。3D 液晶电视应用的是基于水平视差的显示技术。

1）基于水平视差的显示技术

基于水平视差的显示技术只提供水平视差。实验证明，人眼对垂直方向视差不敏感，基于水平视差的显示技术能提供充分的立体效果。基于水平视差的显示技术同时在水平方向的不同位置采集场景的多个不同视点图像，然后对多视点图像进行显像。基于水平视差的立体成像系统中的光学设备将每个视点的图像分离并显示在不同的空间形成视区。当用户的左、右眼同时处于不同视区时，用户左、右眼观察到的图像的视差将经过大脑融合产生立体感。

（1）柱镜式立体显示技术。

柱镜式立体成像系统的重要部件之一是柱镜板。柱镜板是一个由许多小凸透镜柱平行排列构成的透镜板，其基本结构如图 2-67（a）所示。柱镜板特有的聚焦能力可以将来自不同方向的平行光线聚焦到不同的位置，同时也可以将置于其后特定位置的图像投射到某一特定方向，如图 2-67（b）所示。柱镜板的聚焦特性可以使人的左、右眼分别看到不同的图像，进而实现立体显示，如图 2-67（c）所示。

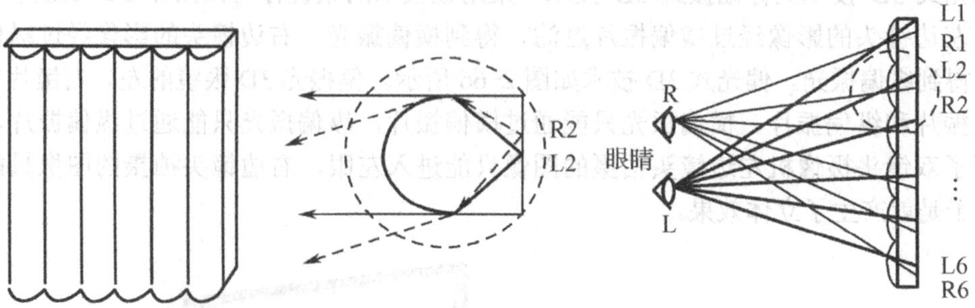

（a）柱镜板的基本结构　（b）柱镜板的聚焦特性　（c）立体显示原理

图 2-67　柱镜式立体成像原理

（2）视障式立体显示技术。

视障式立体显示是通过在屏幕表面设置称为“视差屏障”的纵向栅栏状光学屏障来控制光线行进方向的，以使人的左、右两眼接收不同影像产生视差，从而实现立体显示效果。视障式立体显示技术原理如图 2-68 所示。

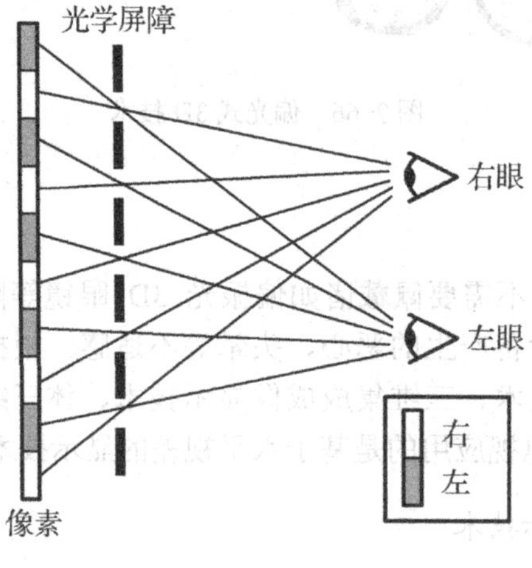

图 2-68　视障式立体显示技术原理

由于左、右眼视线透过纵向栅栏状光学屏障的角度不同，因此左、右眼会看到后面屏幕的不同部分，只要将左、右眼画面以纵向方式交错排列，就能产生立体感。

由于视障式立体显示技术是采用遮蔽方式来实现立体显示的，必须将屏幕分为左右两幅画面进行显示，因此水平解析度会降为原本解析度的一半，而且画面亮度会下降。此外，视障式立体显示技术还受到观看距离、角度与方向的限制，必须在规定的距离与角度范围内观看，当画面旋转 90° 时就无法呈现出立体感。

目前已有厂商采用可开关的液晶薄膜来充当“视差屏障”以改善视障式立体显示技术的局限性，通过切换液晶薄膜的开关可实现 2D 显示模式、3D 显示模式的转换，液晶薄膜排列方式也可以制作成水平与垂直两种。

2）体三维显示技术

体三维显示技术是一种使三维空间中体像素点显示对应场景中三维点的颜色和亮度的技术。体三维显示技术能生成浮在显示空间的三维立体图像，因此又称真三维显示技术。体三维显示技术能提供全方位的视差、会聚角与调节视差等深度信息，是目前自由立体显示技术中立体呈现效果最好的技术。

3）三维集成成像显示技术

1908 年，李普曼发明了三维集成成像显示技术。李普曼使用复眼透镜光栅对物体进行摄像和显像。首先，将摄像胶片放置在复眼透镜光栅焦平面处对物体进行摄像，此时摄像胶片记录了场景的多视点图像；然后，将成像后的摄像胶片放在复眼透镜光栅焦平面处，此时用灯光照射摄像胶片显示图像，位于复眼透镜光栅另一侧的用户可观察到具有深度感的立体图像。基于数字化技术的发展，目前已可采用数码摄像机阵列摄像与投影仪阵列显像。三维集成成像显示技术能提供全方位视差，但受复眼透镜光栅尺寸的影响，系统分辨率较低，显示空间较小。

4）全息技术

1948 年，英国科学家 Dennis Gabor 发明了全息技术。全息技术是一种利用光的干涉原理摄像和衍射原理显像的技术。全息技术可用于印刷行业。全息成像/显像系统复杂，制作成本相对较高。此外，全息图的色差较大，应用场合有限。

2.6.3　常见的 3D 传输格式

常见的 3D 传输格式包括帧连续格式、帧封装格式、并排格式、上下格式、棋盘格式等。

1. 帧连续格式

帧连续的实质就是连续发送画面，如 60 Hz 的影片以 120 Hz 的速度发送每帧图像，每帧图像交替显示。帧连续的传输方式针对的是分时快门式 3D 眼镜。帧连续格式的优势在于对播放设备、显示设备而言，不需要复杂的技术，显示设备能够输出，播放设备能够接收、播放即可。但是相关的眼镜所需成本较高、技术比较复杂，而且还需要发射器对显示设备和眼镜的快门开闭信号进行同步。

2. 帧封装格式

帧封装格式是 3D 蓝光的标准输出格式，它和帧连续格式有相似之处，但又不完全相同。帧封装格式的图像输出并没有升高帧刷新频率，依然是 24 Hz 或 60 Hz，但是每帧图像实际上包含两幅按上下顺序排列的画面。例如，原本为 1920 像素×1080 像素分辨率的画面，以帧封装格式将两幅画面合并为一帧，忽略中间的分隔标记，实际上一帧图像的分辨率为 1920 像素×2160 像素。当图像信号传送到显示设备后，显示设备负责识别画面并进行播放。

3. 并排格式

并排格式又称左右格式，是一种将两幅图像并排排列的格式。最初，并排格式用于在广播电视中传播 3D 信号。并排格式将两幅画面压缩至一帧画面中，以使原本图像的分辨率由 1920 像素×1080 像素变为 960 像素×1080 像素，这样可以节省传输带宽。播放终端在接收到信号后需要先将画面拉伸一倍以恢复正常比例，之后以交错的方式播放。随着传输带宽的增加，并排传输方式不再将图像进行压缩，而是将每帧图像拉伸为全高清图像，并将两幅全高清图像合并为一帧图像，这与帧封装格式非常类似。

4. 上下格式

上下格式类似于并排格式。上下格式是一种将分辨率为 1920 像素×1080 像素的图像转换成分辨率为 1920 像素×540 像素的图像，并将两幅画面压缩到一帧画面中的格式。

5. 棋盘格式

当采用棋盘格式时，作用于左眼和右眼的两幅图像被交织，即两幅图像每隔一个像素作用于左眼或右眼。电视机分离这两幅被交织的图像并且依序显示，最后的图像只有一半的解像度。虽然投影机并不支持棋盘格式，但较早的 DLP 3D Ready 电视机能够支持也仅支持棋盘格式，这种电视机在过去几年卖出了很多台。

练习与思考 2

1．数字电视系统由哪几部分组成？各部分有什么作用？
2．三基色的主要内容是什么？三基色与混合色具有什么关系？
3．混色方法有几种?彩色电视用的是什么混色法?
4．分析下列各颜色的光相加混色后的色调：
黄色+紫色+青色；
黄色+青色+蓝色；
紫色+绿色+红色。
5．试绘制 16 正交幅度调制原理图。
6．为什么要对数字视频信号进行压缩？简述图像数据压缩的基本原理。
7．数字电视信道编码有什么作用？
8．简述立体视觉的形成原理。
9．简述眼镜式立体显示技术的原理。

第3章

智能电视显示器

要求

掌握液晶显示器的组成及工作原理。

知识点

- 液晶显示器的基础知识。
- 液晶显示屏的工作原理及驱动原理。

重点和难点

- 液晶显示器的组成及工作原理。

3.1 液晶显示器

智能电视的主流显示器为液晶显示器。液晶显示器是采用液晶显示屏作为显示部件的显示器。下面主要对液晶显示屏进行介绍。

3.1.1 液晶显示屏的结构

液晶显示屏的结构如图3-1所示。液晶显示屏主要由液晶面板、背光模组、显示驱动电路3部分组成。液晶显示器结构分解图如图3-2所示。

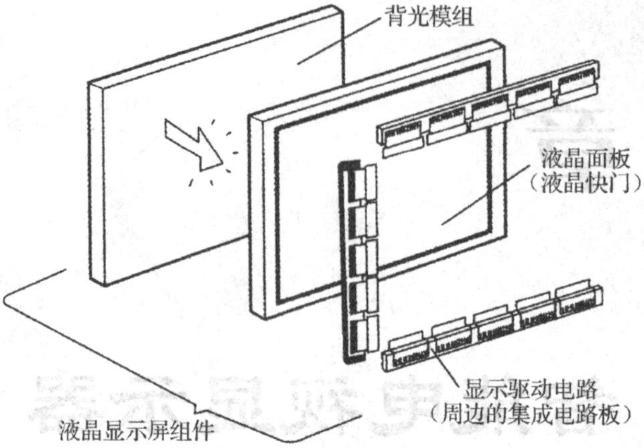

图 3-1　液晶显示屏的结构

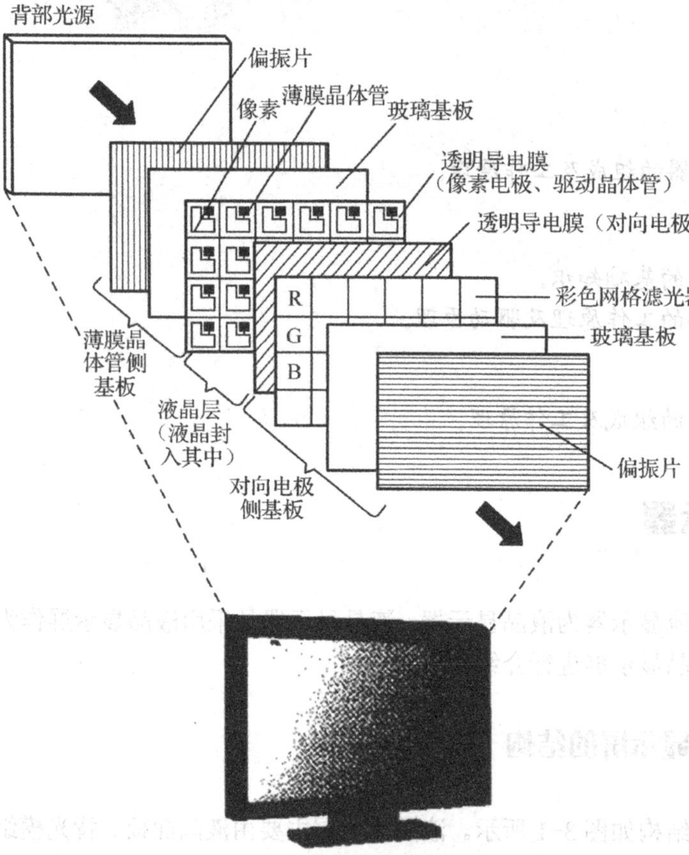

图 3-2　液晶显示器结构分解图

1. 液晶面板

液晶面板包括偏振片（Polarizer）、玻璃基板（Substrate）、彩色滤色膜（Color Filters）、ITO 电极、液晶（LC）及定向层（Alignment Layer），如图 3-3 所示。

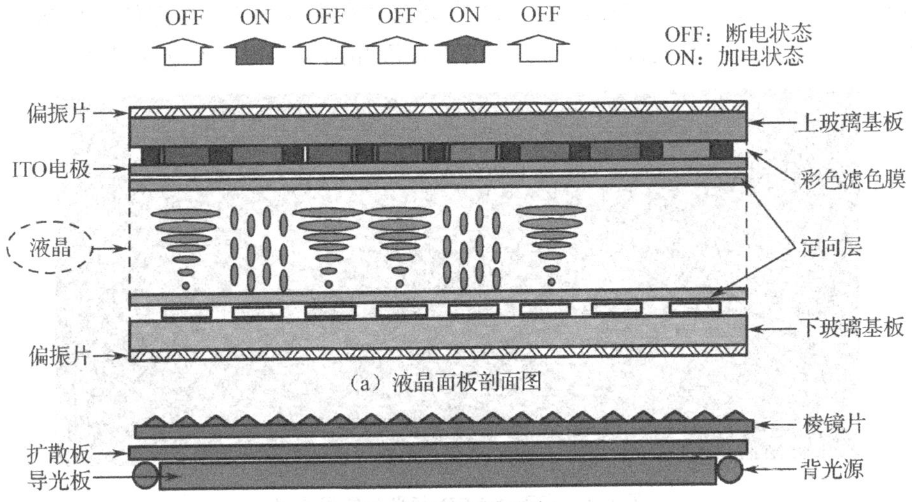

（a）液晶面板剖面图

（b）背光模组剖面图

图 3-3　液晶面板及背光模组的剖面图

（1）偏振片：作用是使某一个方向振荡的光通过，而遮挡与其垂直方向振荡的光。

（2）玻璃基板：分为上玻璃基板和下玻璃基板，主要用于夹住液晶。对于 TFT-LCD，下玻璃基板具有薄膜晶体管（Thin Film Transistor，TFT），而上玻璃基板贴有彩色滤色膜。

（3）彩色滤色膜：能够产生红光、绿光、蓝光 3 种基色光，通过空间混色法可以混合出各种不同的颜色。

（4）ITO 电极：分为公共电极和像素电极。信号电压施加在像素电极与公共电极之间，从而控制液晶分子的转动。

（5）液晶：液晶材料从联苯腈、酯类、含氧杂环苯类和嘧啶环类液晶化合物逐渐发展到环己基（联）苯类、二苯乙炔类、乙基桥键类、含氟芳环类及二氟乙烯类液晶化合物。

（6）定向层：又称取向层或取向膜，作用是使液晶分子整齐排列。若液晶分子排列不整齐，则会造成光线散射，进而出现漏光现象。

2. 背光模组

背光模组由背光源、导光板（又称光波导）、扩散板（Diffuser）及棱镜片（Lens）等组成，其作用是将光源均匀地传送到液晶面板。背光模组各部分的功能说明如下。

（1）背光源。

LED 背光源。LED（Light Emitting Diode，发光二极管）是一种可以将电能转化为光能的电子器件，具有二极管的特性。LED 背光源按发光的色彩可分为白光 LED 背光源和 RGB-LED 三色 LED 背光源。白光 LED 背光源采用只能发出白光的 LED。RGB-LED 三色 LED 背光源利用红色、绿色、蓝色 3 原色 LED 调制成白光，具有更好的光学特性。大多

RGB-LED 电视的色域范围能达到 NTSC 的 120%；对比度显著提升，可以实现更加精确的色阶和层次感更强的画面。LED 背光源按 LED 的排布方式可分为直下式 LED 背光源和侧光式背光源。直下式 LED 背光源是将 LED 晶粒均匀地配置在液晶面板的后方当作发光源（见图 3-4）使背光可以均匀布满整个屏幕的，其实现的画面细节更细腻、逼真，但制作成本相对较高。侧光式 LED 背光源是将 LED 光源放置在电视的边框位置的（见图 3-5），光线必须使用特殊的导光板改变传播方向后才能透过液晶面板层，因此非常节省空间。

图 3-4　直下式 LED 背光源的发光源

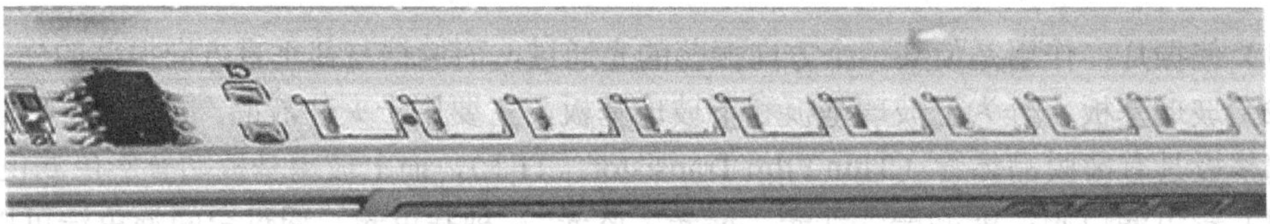

图 3-5　边缘发光 LED 光源

量子点背光源。通俗来讲，量子点就是仅由少数原子构成的极小半导体晶体，其晶粒直径为 2～10 nm。量子点材料在吸收能量后，可被激发而发光，通过控制量子点的大小可以使其发出不同颜色的光。在蓝光 LED 背光源与液晶面板之间插入量子点膜，量子点膜在 LED 蓝光激发下会产生由蓝光、绿光、红光组成的真彩白光。

（2）导光板。导光板的主要功能是导引光线方向，以提高液晶面板的辉度并使亮度均匀。

（3）扩散板。扩散板的主要功能是让光线透过扩散涂层产生漫射，以使光的分布均匀化。

（4）棱镜片。棱镜片的主要功能是将光线聚拢，使光线垂直进入液晶面板以提高辉度，又称增亮膜。

3. 显示驱动电路

显示驱动电路的主要功能是将电视信号转换成水平扫描信号和垂直显示信号，以驱动液晶面板中的薄膜晶体管，进而控制每个像素的显示。

3.1.2　液晶显示屏的工作原理

1. LCD 技术原理

液晶分子的液体特性使得其具有两种显著特点：如果对液晶层施加电场，则液晶层中的液晶分子将按电场方向进行排列，如果没有电场，它们将会彼此平行排列；如果提供带有细小沟槽的外层，将液晶倒入沟槽后，液晶分子会顺着沟槽排列，并且内层与外层的液晶分子以同样的方式排列，液晶层能够使光线发生扭转。

TN 型液晶显示器简易示意图如图 3-6 所示。TN 型液晶显示器包括垂直方向与水平方向的偏振片、具有细纹沟槽的取向膜（又称定向膜）、液晶材料及导电的玻璃基板。

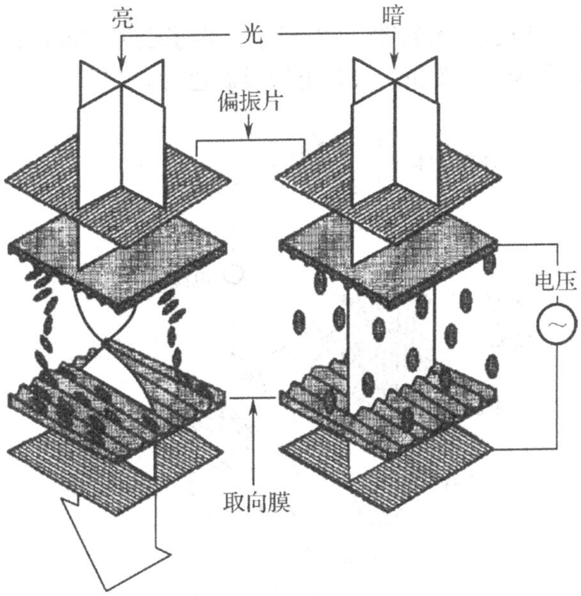

图 3-6　TN 型液晶显示器简易示意图

在不加电场的情况下，入射光经过偏振片后通过液晶层，由于偏振光被液晶分子扭转排列的液晶层旋转 90°，在离开液晶层时，偏振光的方向恰好与另一个偏振片的方向一致，因此该偏振光能顺利通过另一个偏振片，整个电极面呈光亮状态。当加入电场时，每个液晶分子的光轴转向与电场方向一致，液晶层因此失去了旋光的能力，这样来自入射偏振片的偏振光的方向与另一个偏振片的方向成垂直关系，无法通过，整个电极面呈现黑暗状态。以上的物理现象称为扭转式向列场效应。几乎所有的液晶显示器都是利用扭转式向列场效应原理制成的。

2. 像素单元的工作原理

液晶显示屏的一个像素单元的结构图如图 3-7 所示。每个像素单元由 R、G、B 三个子像素单元构成。

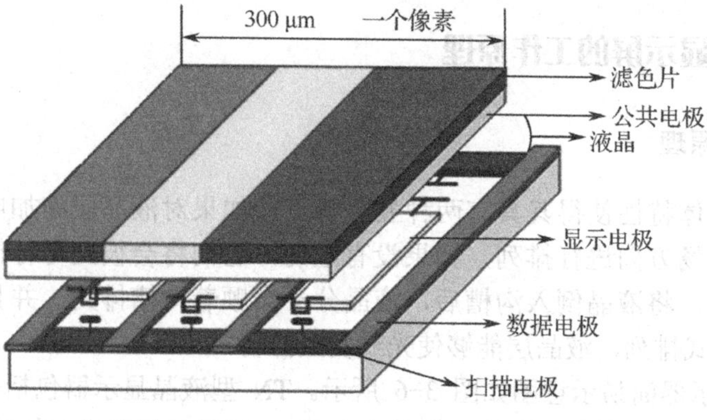

图 3-7 液晶显示屏的一个像素单元的结构图

每个子像素单元的结构示意图如图 3-8 所示，为了表述方便，图中仅画出背光灯、偏光板、显示电极、薄膜晶体管、液晶、公共电极及滤色片。

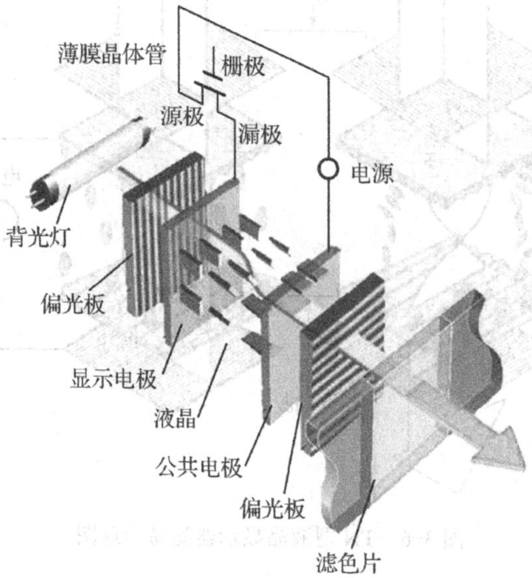

图 3-8 每个子像素单元的结构示意图

当在公共电极与显示电极之间加有控制电场时，像素单元中的液晶分子便会在电场的作用下发生转向，进而改变透光量，经滤色片之后形成不同亮度等级的彩色（R、G、B）。每个子像素单元设有一个用于控制电压的场效应管，由于它制成薄膜型且紧贴在玻璃基板上，因而称为薄膜晶体管（简称 TFT）。薄膜晶体管的栅极接水平扫描信号、源极接数据信号，数据信号是视频信号经处理后形成的。

薄膜晶体管及电极的等效电路如图 3-9 所示。图像数据信号的电压加到薄膜晶体管的源极，扫描脉冲加到栅极。当栅极有正极性脉冲时，薄膜晶体管导通，源极的图像数据信号的电压便通过薄膜晶体管加到与漏极相连的显示电极，于是显示电极与公共电极之间的液晶便会受到图像数据信号电压的控制。如果栅极无脉冲，则薄膜晶体管便是截止的，显示电极上的电压。薄膜晶体管实际上是电子开关。

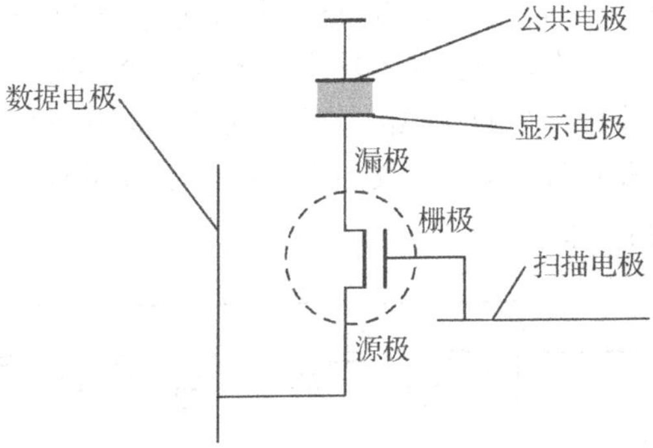

图 3-9　薄膜晶体管及电极的等效电路

子像素单元中产生的图像信息为基色信息，根据三基色原理及空间混色法，最后合成像素的实际色彩，如图 3-10 所示。

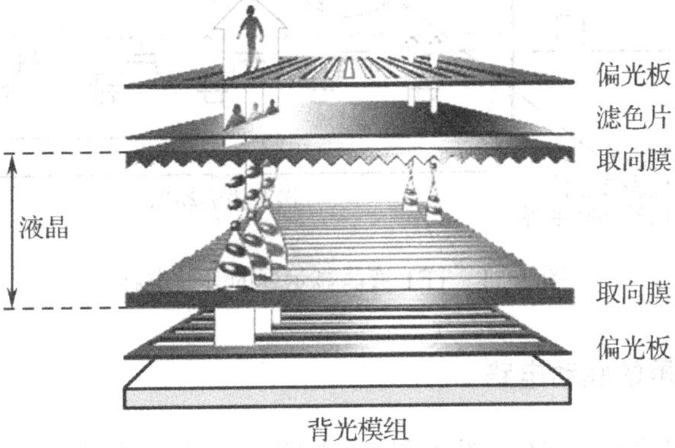

图 3-10　像素色彩的合成

3.1.3　液晶显示屏的驱动原理

1. TFT 液晶显示屏的驱动原理

TFT 液晶显示屏的等效电路如图 3-11 所示。

由图 3-11 可知，每个薄膜晶体管与电容构成一个像素点（子像素单元），而一个基本的像素单元则需要 3 个像素点，分别代表红、绿、蓝 3 种基色。一个分辨率为 1024 像素×768 像素的 TFT 液晶显示屏共需要 1024 像素×768 像素×3 个像素点。图 3-11 中的栅极驱动器输出的波形，依次将每一行的薄膜晶体管打开，以使整排的源极驱动器（Source Driver）同时将一整行的像素点充电至各自所需的电压，显示不同的灰阶。当一行像素点充电完成时，该行整排的源极驱动器关闭，然后下一行的整排源极驱动器对下一行的像素点进行充电。当充好最后一行像素点时，便又从第一行开始充电。以一个分辨率为 1024 像素×768 像素、显示模式为 SVGA 的液晶显示屏为例，其共有 768 行门（Gate）走线、1024×3=3072 条源（Source）走线。一般液晶显示屏的更新频率多为 50 Hz，每一幅画面的显示时间为

20 ms。由于画面的组成为 768 行的门走线，所以分配给每一条门走线的开关时间为 20 ms/768≈26 μs。图 3-11 中的栅极驱动器输出波形为一个接着一个的、宽度为 26 μs 的脉冲波，这些脉冲波依次打开每一行的薄膜晶体管。而源极驱动器则在这 26 μs 时间内，经源走线将显示电极充电至其所需的电压，以使显示电极显示对应的灰阶。

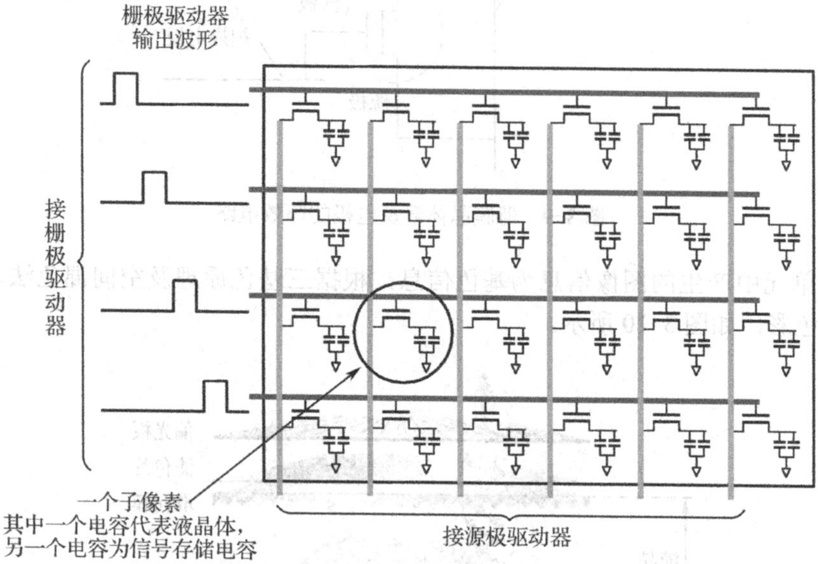

图 3-11　TFT 液晶显示屏的等效电路

2. TFT 液晶显示屏的驱动电路

TFT 液晶显示屏的驱动电路框图如图 3-12 所示。驱动电路由 LVDS 电路（串/并变换电路）、栅极驱动（扫描驱动电路）、源极驱动电路（数据驱动电路）、电源控制电路等组成。TFT 液晶显示屏的驱动电路的功能是调整、控制施加在液晶显示器电极的脉冲电压的频率、相位、峰值、时序、占空比等，以建立合适的驱动电场，进而实现预期的显示效果。

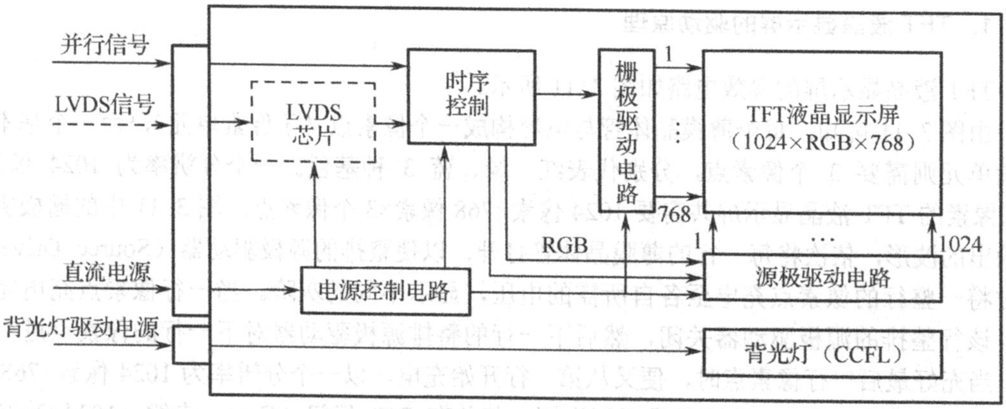

图 3-12　TFT 液晶显示屏的驱动电路框图

1）LVDS 电路

LVDS 电路的作用是实现从图像数据处理模块到液晶显示屏的数据的高速传输，目前一般采用 LVDS（Low Voltage Differential Signal，低电压差分信号）传输技术。LVDS 电路的主要优点：用电流表示信号，对传输线路噪声干扰不敏感，传输系统抗干扰能力强，信号摆幅较低不易出现误码。LVDS 的发送和接收电路如图 3-13 所示。液晶电视主板中图像数据处理模块输出的是 TTL 电平的 R、B、G 三基色并行数据信号，经 LVDS 发送器转换成串行 LVDS，到达液晶显示屏后由 LVDS 接收器将其转换成 TTL 电平的 R、B、G 三基色并行数据信号。

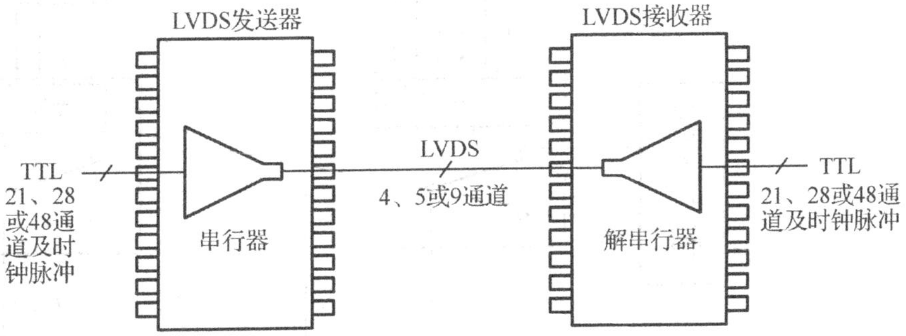

图 3-13　LVDS 的发送和接收电路

LVDS 传输技术是一种低摆幅差分信号传输技术（将 TTL 电平变成低摆幅 LVDS 电平进行高速传输）。LVDS 传输系统的输出端由用于驱动差分线对的电流源（电流大小通常为 3.5 mA）组成，由于接收端输入电阻极高，所以传输线终端要接一个终端电阻（阻值为 100 Ω）。LVDS 传输技术原理如图 3-14 所示。当开关 2、4 导通时，3.5 mA 的电流从上到下流过阻值为 100 Ω的电阻，在传输线终端产生 350 mV 的电压并施加给 LVDS 接收器，设此为逻辑“1”；当开关 1、3 导通时，3.5 mA 的电流从下到上流过阻值为 100Ω的电阻，在传输线终端产生-350 mV 的电压并施加给 LVDS 接收器，设此为逻辑“0”。±350 mV 的摆幅为传统 TTL/CMOS 电平的 1/10。

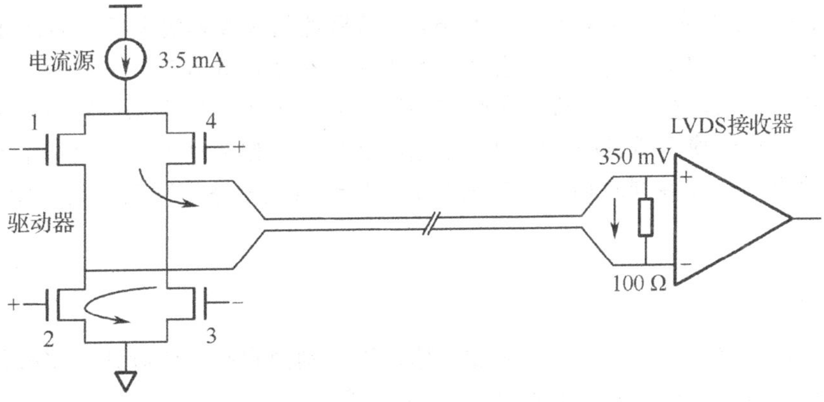

图 3-14　LVDS 传输技术原理

2）源极驱动电路

源极驱动电路的作用是根据图像数据选取对应的灰度等级电压，并将该电压施加于子像素单元的晶体，从而控制灰度的显示。源极驱动电路框图如图3-15所示。

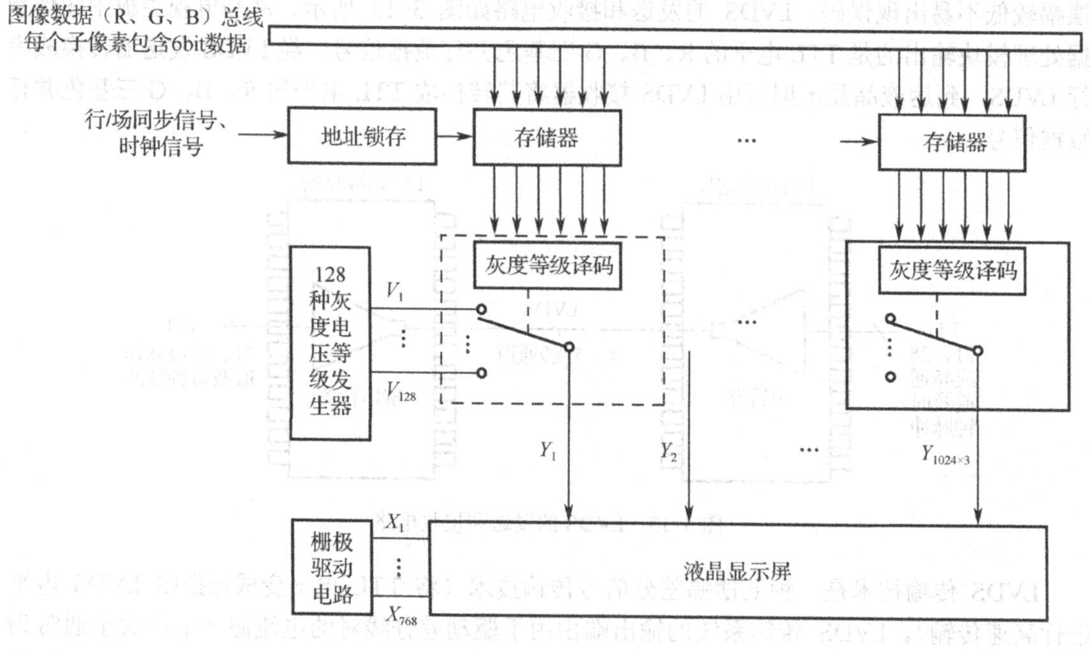

图3-15 源极驱动电路框图

因为TFT液晶显示屏需要使用控制电压表示灰度层次，所以用于表示灰度层次的控制电压就需要划分等级。例如，R、G、B三基色各6 bit的显示数据需要使用64种灰度层次的控制电压进行表示，但由于液晶分子具有一种特性，即无法一直固定在某一电压等级（若液晶分子长时间处于某一等级电压下，则会受到破坏而无法随电场变化而转动，也就无法形成不同灰阶），而必须每隔一段时间将电压恢复原状，以避免液晶分子遭到破坏，所以6 bit的显示数据应有64种正极性和64种负极性的灰度等级电压，共计128种灰度等级电压。数字视频数据（以每子像素6 bit为例）在数据读入时钟的控制下，存入驱动芯片中的数据存储器，经灰度等级译码输出控制信号，电子开关根据控制信号选择对应的控制电压。当一行子像素所有的控制电压都选好之后，数据驱动器并行将全部数据对应生成不同的灰度等级电压并同时输出。灰度等级电压经放大电路缓冲放大后，驱动TFT液晶显示屏。

3）栅极驱动电路

栅极驱动电路将行扫描信号脉冲施加于栅极以控制薄膜晶体管导通，将整行数据对应的灰度等级电压施加于液晶体，进而控制液晶的灰度显示。

3.2　OLED 显示屏

3.2.1　OLED 显示屏的结构及显示原理

OLED（Organic Light Emitting Diode）显示屏是利用有机发光二极管制成的显示屏，主要由基板、TFT 驱动阵列和 OLED 发光器件组成，具有厚度极小、响应速度快、视角宽、对比度高等特点，非常适合发展柔性显示技术。

1. OLED 发光器件的结构

OLED 发光器件由基板、ITO 阳极、HIL、HTL、发光层、ETL、EIL 和金属阴极组成，如图 3-16 所示。

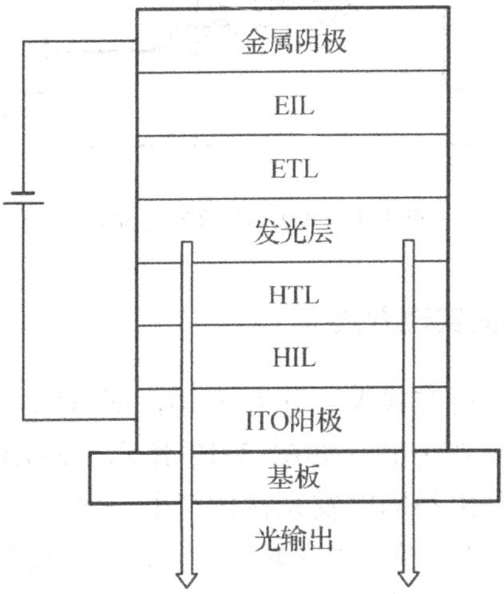

图 3-16　OLED 发光器件的结构示意图

基板：用来支撑整个 OLED，所用材料通常为玻璃、透明塑料或金属箔。

ITO 阳极：接电压正极，所用材料为透明 ITO。

HIL（Hole Injection Layer）：空穴注入层，位于 ITO 阳极和 HTL 之间，主要作用是优化空穴的注入性能。

HTL（Hole Transport Layer）：空穴传输层，所用材料具有良好的迁移率和传输能力，成膜性和稳定性较好，能够改善空穴注入平衡性，提高器件的使用寿命。

发光层：通常由荧光材料和磷光材料构成，不同材料能发出不同颜色（红、绿、蓝）的光。

ETL（Electron Transport Layer）：电子传输层，具有较高的电子迁移率。

EIL：电子注入层，可使电子从金属阴极注入 OLED 发光器件有机层。

金属阴极：接电源负极。

2. OLED 的发光原理

OLED 的发光原理如图 3-17 所示。在金属阴极和 ITO 阳极之间外加 2～20 V 的偏压，电子和空穴分别从两电极注入，克服电极和器件中有机层之间的界面势垒，经由电子注入层传递至电子传输层，再转移至发光层，正负电子相遇束缚在一起形成“电子-空穴对”。“电子-空穴对”一般称为激子。激子形态不稳定，会以光或热的形式回到基态。光激发通常产生单重态激子，电激发理论上可以产生 25%的单重态激子及 75%的三重态激子。

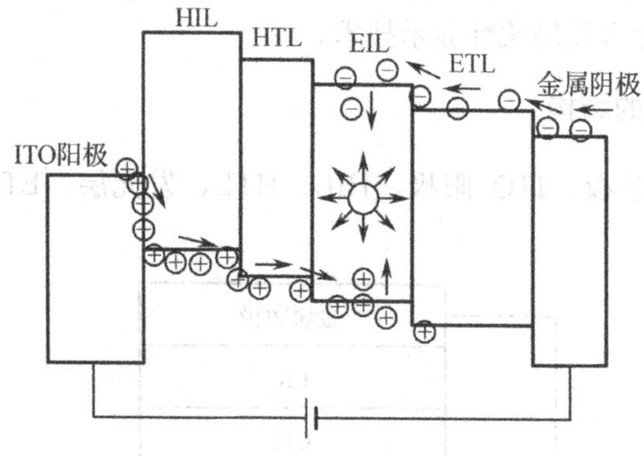

图 3-17 OLED 的发光原理

3. 全彩 OLED 发光器件的实现方式

全彩 OLED 发光器件的实现方式大致分为 3 种，即 RGB 三原色像素方式、蓝光+红绿光转换器方式、白光+彩色滤光膜方式，如图 3-18 所示。RGB 三原色像素方式是目前最常采用的方式，RGB 三原色分别由不同的发光材料产生，发光效率高。蓝光+红绿光转换器方式是利用蓝光发光材料进行发光，经过光色转换薄膜转换成绿光和红光，从而产生 RGB 三原色的，这种方式已经不再被大规模采用，因为其发光效率不高且高品质色彩转换器开发难度大。白光+彩色滤光膜方式利用白光透过彩色滤光膜产生不同颜色的光，由于这种方式使用了彩色滤光膜，因此发光效率并不高。

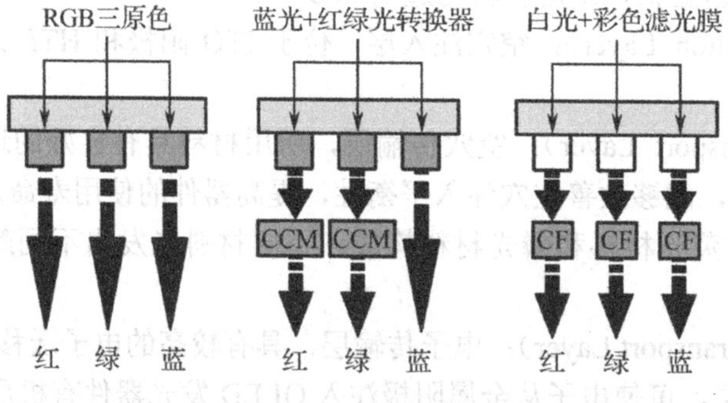

图 3-18 3 种全彩 OLED 发光器件的实现方式

3.2.2 OLED 显示屏的驱动

OLED 驱动技术按照不同的驱动方式可划分为无源驱动和有源驱动。

1. 无源驱动 OLED 显示屏

无源驱动 OLED 显示屏为矩阵式交叉屏，金属阴极加载负电压，ITO 阳极加载正电压，正电压与负电压的交叉点为发光像素单元，如图 3-19 所示。行扫描信号按照时间顺序逐行选通每一行；列驱动电路输入每一列像素点的电流信号，控制像素点灰度，实现每一行所有像素点以不同亮度及不同颜色显示。如此循环操作，就可完成一帧完整图像的显示。

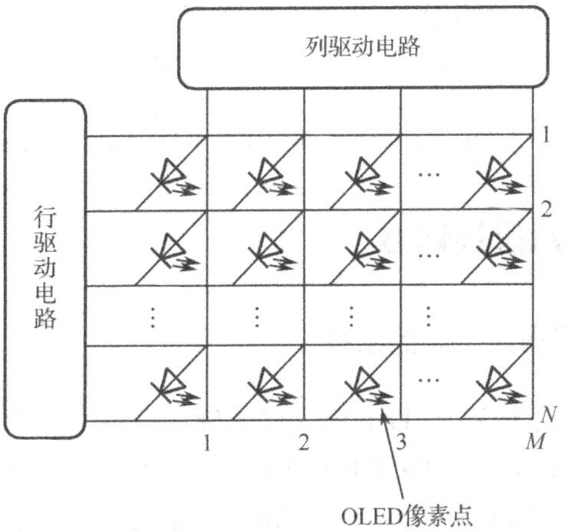

图 3-19　无源驱动 OLED 显示屏的驱动原理

2. 有源驱动 OLED 显示屏

有源驱动 OLED 显示屏是利用薄膜晶体管实现对 OLED 发光器件的控制的，其驱动电路如图 3-20 所示。每个有源发光像素单元都包含多个薄膜晶体管和存储电容，电压信号可以存储在电容中，在整个帧周期内都能保持固定电流来驱动像素点，以使像素点处于亮状态或暗状态。这样有源驱动 OLED 显示屏就不需要像无源驱动 OLED 显示屏那样在大电压或高峰值电流脉冲下工作，也就可以用于大尺寸、高分辨率的场合。

有源驱动 OLED 显示屏采用两管驱动结构，VT_1 管起开关的作用，VT_2 管起恒流源的作用。行驱动信号加载到 VT_1 管的栅极，列驱动信号加载到 VT_1 管的漏极。当一行像素被选通，行驱动信号有效时，VT_1 管导通并对存储电容进行充电，稳定后存储电容中就存储了电压信号。存储电容中的电压信号将加载到 VT_2 管的栅极，此时 VT_2 管漏极产生的电流驱动 OLED 发光器件发光，该电流的大小决定了 OLED 发光器件发出的光的亮度。当作用在 VT_1 管的行驱动信号无效时，存储电容中的电压仍能驱动 VT_2 管，使 VT_2 管处于导通状态，此时 VT_2 管在整个帧周期起恒流源作用，可以保证像素点正常发光。

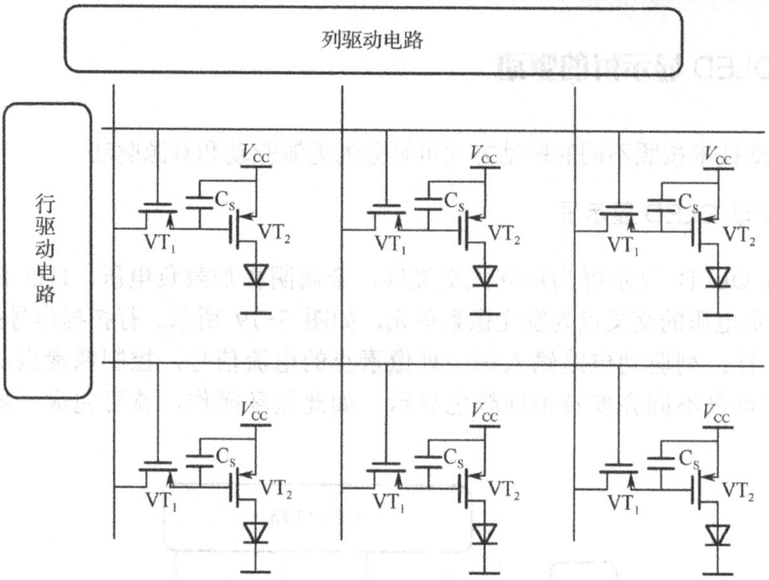

图 3-20　有源驱动 OLED 显示屏的驱动电路

实训 7　读液晶显示屏规格书

1. V390DK1-LS1 液晶显示屏的结构

V390DK1-LS1 液晶显示屏属于 TFT 液晶显示屏，屏幕大小为 39 英寸，具有 LED 背光模组、4 通道 4ch-LVDS 接口。V390DK1-LS1 液晶显示屏支持 3840 像素×2160 像素 QFHD 格式，能显示真彩 1.07 G（8 bit+FRC）。V390DK1-LS1 液晶显示屏的结构如图 3-21 所示。

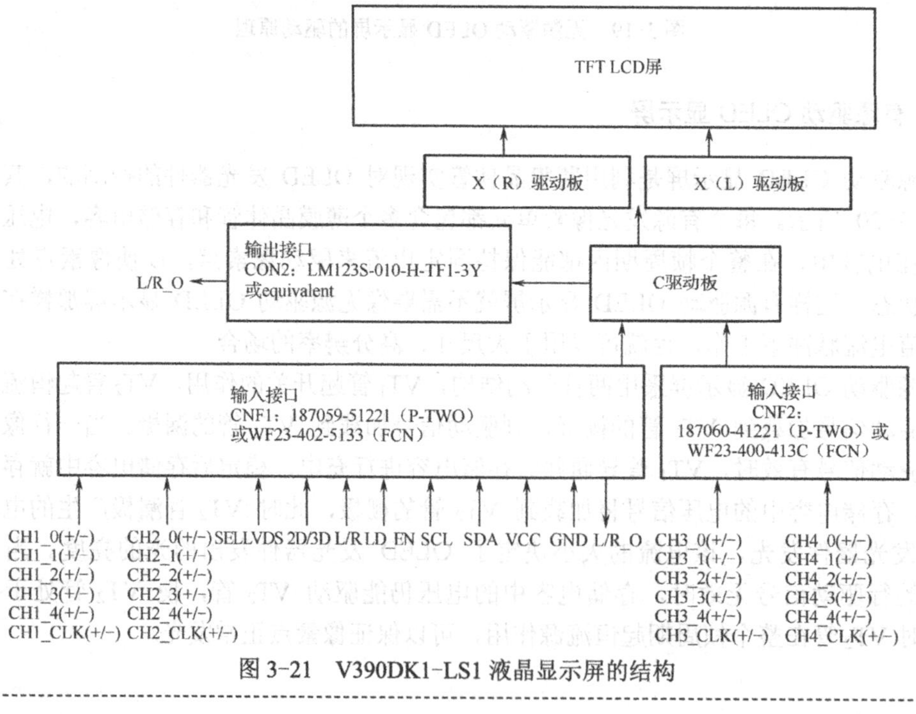

图 3-21　V390DK1-LS1 液晶显示屏的结构

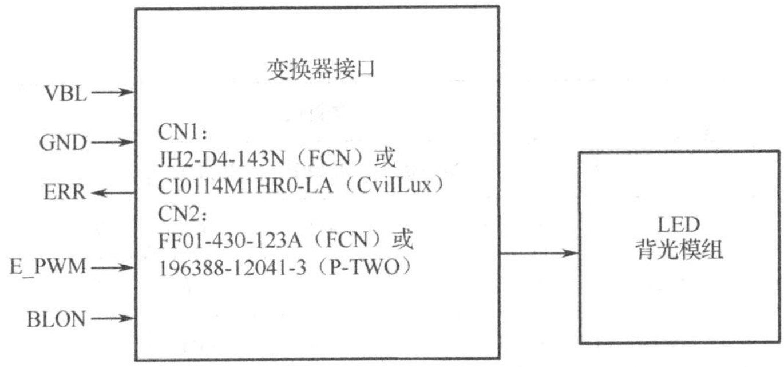

图 3-21　V390DK1-LS1 液晶显示屏的结构（续）

2. V390DK1-LS1 液晶显示屏的参数

V390DK1-LS1 液晶显示屏的机械参数如表 3-1 所示。

表 3-1　V390DK1-LS1 液晶显示屏的机械参数

参数名称	参数特性	单位	备注
有效面积	853.92（宽）×480.33（高）(39 英寸)	mm	
总像素	3840（宽）×R.G.B×2160（高）	像素	
像素间距	0.074125（宽）×0.222375（高）	mm	
像素排列	RGB 子像素垂直条状排列		
显示色彩	真彩 1.07G（8 bit+FRC）	色彩	
显示模式	透射模式/正常黑色		
外形尺寸	873.32（宽）×501.63（高）×25.6（厚）	mm	
质量	7500	g	
背光灯	LED		

V390DK1-LS1 液晶显示屏的电气参数如表 3-2 所示。

表 3-2　V390DK1-LS1 液晶显示屏的电气参数

参数名称		符号	参数值			单位	备注
			最小值	典型值	最大值		
电源电压		V_{DD}	10.8	12	13.2	VDC	
浪涌电流		I_{RUSH}			2.52	A	
功耗	白屏	P_T		8.88	10.8	W	QFHD 120Hz 输出
	横条纹	P_T		20.16	24.36	W	
	黑屏	P_T		9.48	11.4	W	
电流	白屏			0.74	0.90	A	QFHD 120Hz 输出
	横条纹			1.68	2.03	A	
	黑屏			0.79	0.95	A	

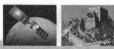

续表

参数名称		符号	参数值			单位	备注
			最小值	典型值	最大值		
功耗	白屏	P_T		8.76	10.8	W	QFHD 60Hz 输出
	横条纹	P_T		19.68	23.76	W	
	黑屏	P_T		9.24	11.04	W	
电流	白屏			0.73	0.90	A	QFHD 60Hz 输出
	横条纹			1.64	1.98	A	
	黑屏			0.77	0.92	A	
LVDS 接口	最高差分电平	V_{LVTH}	+100		+300	mV	
	最低差分电平	V_{LVTL}	-300		100	mV	
	共模电压	V_{CM}	1.0	1.2	1.4	V	
	差分电压	$\|V_{ID}\|$	200		600	mV	
	终端电阻	R_T		100		Ω	
CMOS 接口	输入最高电压	V_{IH}	2.7		3.3	V	
	输入最低电压	V_{IL}	0		0.7	V	

LVDS 接口的特性曲线如图 3-22 所示。

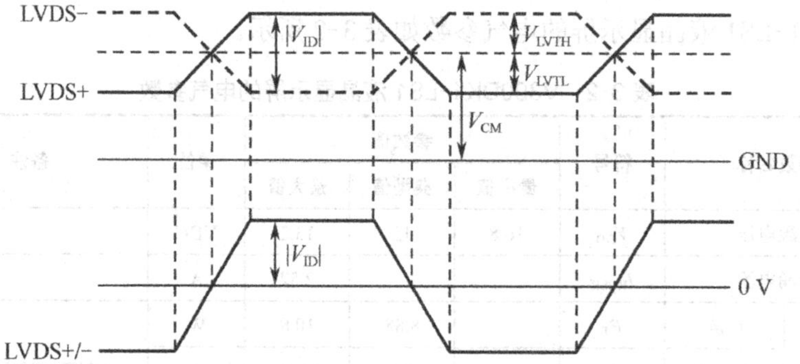

图 3-22 LVDS 接口的特性曲线

V390DK1-LS1 液晶显示屏的 LED 背光模组的电气参数如表 3-3 所示。

表 3-3　V390DK1-LS1 液晶显示屏的 LED 背光模组的电气参数

参数名称	符号	参数值			单位	备注
		最小值	典型值	最大值		
功耗	P_{BL}（2D）		37.2	42.7	W	
	P_{BL}（3D）		36.3	40.2	W	
转换器输入电压	V_{BL}	22.8	24.0	25.2	V	
转换器输入电流	I_{BL}（2D）		1.55	1.78	A	
	I_{BL}（3D）		1.63	1.73	A	
输入浪涌电流	I_R（2D）			3.9	A	V_{BL}=22.8 V
	I_R（3D）			5.4	A	V_{BL}=22.8 V
调光频率	FB	170	180	190	Hz	
调光占空比	DDR	5		100	%	
寿命		30 000			h	

3. CNF1 连接器信号引脚功能

CNF1 连接器信号引脚功能如表 3-4 所示。CNF1 连接器型号为 187059-51221（P-TWO）或 WF23-402-5133（FCN）。

表 3-4　CNF1 连接器信号引脚功能

引脚	符号	功能	备注	引脚	符号	功能	备注
1	NC	不连接		17	CH1[2]+	LVDS 输入+	
2	SCL	I^2C 时钟		18	GND	接地	
3	SDA	I^2C 数据		19	CH1CLK−	LVDS 时钟−	
4	NC	不连接		20	CH1CLK+	LVDS 时钟+	
5	L/R_O	左、右眼镜控制信号输出		21	GND	接地	
6	NC	不连接		22	CH1[3]−	LVDS 输入−	
7	SELLVDS	LVDS 接口数据标准选择		23	CH1[3]+	LVDS 输入+	
8	NC	不连接		24	CH1[4]−	LVDS 输入−	
9	NC	不连接		25	CH1[4]+	LVDS 输入+	
10	NC	不连接		26	2D/3D	2D/3D 模式选择	
11	GND	接地		27	L/R	左、右眼镜同步	
12	CH1[0]−	LVDS 输入−		28	CH2[0]−	LVDS 输入−	
13	CH1[0]+	LVDS 输入+		29	CH2[0]+	LVDS 输入+	
14	CH1[1]−	LVDS 输入−		30	CH2[1]−	LVDS 输入−	
15	CH1[1]+	LVDS 输入+		31	CH2[1]+	LVDS 输入+	
16	CH1[2]−	LVDS 输入−		32	CH2[2]−	LVDS 输入−	

续表

引脚	符号	功能	备注	引脚	符号	功能	备注
33	CH2[2]+	LVDS 输入+		43	NC	不连接	
34	GND	接地		44	GND	接地	
35	CH2CLK-	LVDS 时钟-		45	GND	接地	
36	CH2CLK+	LVDS 时钟+		46	GND	接地	
37	GND	接地		47	NC	不连接	
38	CH2[3]-	LVDS 输入-		48	VCC	+12V	
39	CH2[3]+	LVDS 输入+		49	VCC	+12V	
40	CH2[4]-	LVDS 输入-		50	VCC	+12V	
41	CH2[4]+	LVDS 输入+		51	VCC	+12V	
42	LD_EN	调光使能					

4. CNF2 连接器信号引脚功能

CNF2 连接器信号引脚功能如表 3-5 所示。CNF2 连接器型号为 187059-51221（P-TWO）或 WF23-402-5133（FCN）。

表 3-5　CNF2 连接器信号引脚功能

引脚	符号	功能	备注	引脚	符号	功能	备注
1	NC	不连接		18	CH3CLK+	LVDS 时钟+	
2	NC	不连接		19	GND	接地	
3	NC	不连接		20	CH3[3]-	LVDS 输入-	
4	NC	不连接		21	CH3[3]+	LVDS 输入+	
5	NC	不连接		22	CH3[4]-	LVDS 输入-	
6	NC	不连接		23	CH3[4]+	LVDS 输入+	
7	NC	不连接		24	GND	接地	
8	NC	不连接		25	GND	接地	
9	GND	接地		26	CH4[0]-	LVDS 输入-	
10	CH3[0]-	LVDS 输入-		27	CH4[0]+	LVDS 输入+	
11	CH3[0]+	LVDS 输入+		28	CH4[1]-	LVDS 输入-	
12	CH3[1]-	LVDS 输入-		29	CH4[1]+	LVDS 输入+	
13	CH3[1]+	LVDS 输入+		30	CH4[2]-	LVDS 输入-	
14	CH3[2]-	LVDS 输入-		31	CH4[2]+	LVDS 输入+	
15	CH3[2]+	LVDS 输入+		32	GND	接地	
16	GND	接地		33	CH4CLK-	LVDS 时钟-	
17	CH3CLK-	LVDS 时钟-		34	CH4CLK+	LVDS 时钟+	

续表

引脚	符号	功能	备注	引脚	符号	功能	备注
35	GND	接地		39	CH4[4]+	LVDS 输入+	
36	CH4[3]-	LVDS 输入-		40	GND	接地	
37	CH4[3]+	LVDS 输入+		41	GND	接地	
38	CH4[4]-	LVDS 输入-					

5. CON2 连接器信号引脚功能

CON2 连接器信号引脚功能如表 3-6 所示。CON2 连接器型号为 LM123S010HTF13Y。

表 3-6　CON2 连接器信号引脚功能

引脚	符号	功能	备注	引脚	符号	功能	备注
1	NC	不连接		6	L/R_O	左、右眼镜控制信号输出	
2	NC	不连接		7	NC	不连接	
3	NC	不连接		8	NC	不连接	
4	GND	接地		9	NC	不连接	
5	NC	不连接		10	NC	不连接	

6. 背光单元 CN2 连接器信号引脚功能

背光单元 CN2 连接器信号引脚功能如表 3-7 所示。CN2 连接器型号为 FF01-430-123A（FCN）或 196388-12041-3（P-TWO）。

表 3-7　背光单元 CN2 连接器信号引脚功能

引脚	符号	功能	备注	引脚	符号	功能	备注
1	VLED+	LED 灯带+		7	VLED-	LED 灯带-	
2	VLED+			8	VLED-		
3	VLED+			9	VLED-		
4	NC	不连接		10	VLED-		
5	VLED-	LED 灯带-		11	VLED-		
6	VLED-			12	VLED-		

7. 转换器单元 CN1 连接器信号引脚功能

转换器单元 CN1 连接器信号引脚功能如表 3-8 所示。CN2 连接器型号为 JH2-D4-143N（FCN）或 CI0114M1HR0-LA。

表 3-8 转换器单元 CN1 连接器信号引脚功能

引脚	符号	功能	备注	引脚	符号	功能	备注
1	VBL	+24V		8	GND	接地	
2	VBL			9	GND		
3	VBL			10	GND		
4	VBL			11	ERR	正常接地，异常开路	
5	VBL			12	BLON	背光开关	
6	GND	接地		13	NC	不连接	
7	GND	接地		14	E_PWM	外部 PWM 控制	

8. LVDS 接口数据标准及时序

LVDS 接口数据标准及时序如图 3-23 所示。LVDS 接口电路将像素的并行数据转换为串行数据的标准主要有两种：VESA 和 JEIDA。当 SELLVDS 引脚为低电平时为 JEIDA 标准，当 SELLVDS 引脚为高电平或开路时为 VESA 标准。在使用 JEIDA 标准时，需要注意：如果像素为 6bit RGB，则每个通道只需要最上面的 3 对数据线，其中，AR9～AR4、AG9～AG4、AB9～AB4 对应实际的 AR5～AR0、AG5～AG0、AB5～AB0；如果像素为 8 bit RGB，则每个通道只需要最上面的 4 对数据线，其中，AR9～AR2、AG9～AG2、AB9～AB2 对应实际的 AR7～AR0、AG7～AG0、AB7～AB0。

LVDS 发送芯片的每个数据通道在每个时钟脉冲周期内都输出 7 bit 的串行数据信号，而不是常见的 8 bit 的串行数据信号。通常，LVDS 接口的时钟频率为 20～85 MHz。对于输出像素时钟频率低于 85 MHz 的信号，只需要一个通道就可以了。而对于输出像素时钟频率高于 85 MHz 的信号，比如，1080P/60 Hz 信号的输出像素时钟频率为 148.5 MHz，就不能直接用一个通道传输，而是将输出的像素按顺序分为奇像素和偶像素，将所有的奇像素用一组 LVDS 接口传输，将所有的偶像素用另外一组 LVDS 接口传输，也就是说，需要用两个通道传输 1080P/60 Hz 信号。对于像素时钟频率更高的信号（如 1080P/120 Hz 信号），则需要用 4 个通道进行传输。刷新频率为 24/30 Hz 的 QFHD 屏 LVDS 接口的输入数据映射如表 3-9 所示。

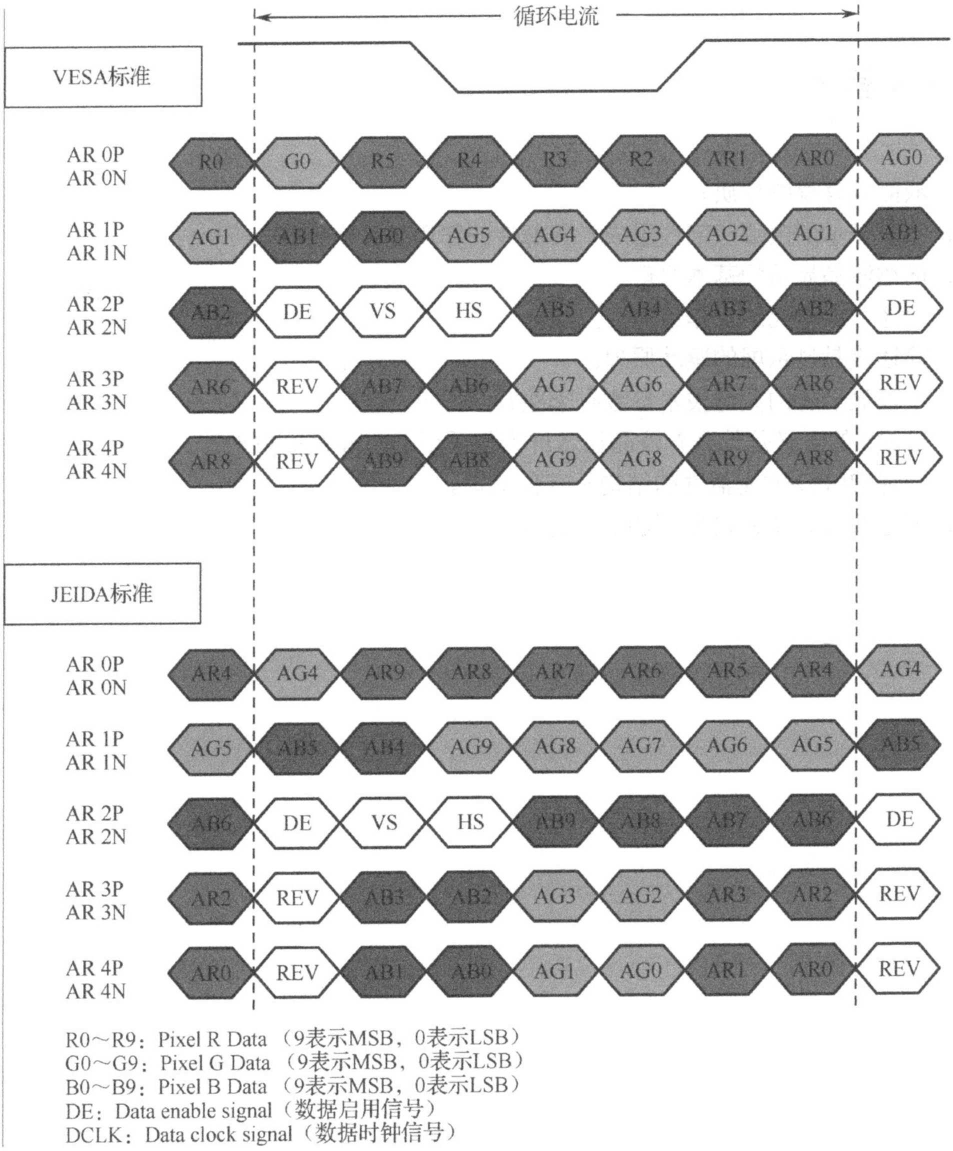

图 3-23　LVDS 接口数据标准及时序

表 3-9　刷新频率为 24/30 Hz 的 QFHD 屏 LVDS 接口的输入数据映射

通道号	像素	数据流
1	第一像素	1、5、9…3833、3837
2	第二像素	2、6、10…3834、3838
3	第三像素	3、7、11…3835、3839
4	第四像素	4、8、12…3836、3840

练习与思考 3

1．液晶具有哪些性质？
2．液晶显示屏由哪些部件组成？各部件的作用是什么？
3．简述液晶显示的基本原理。
4．简述像素单元的工作原理。
5．简述液晶显示屏的驱动原理。
6．液晶显示屏的关键技术参数有哪些？
7．LVDS 的含义是什么？液晶显示屏为何采用 LVDS 传输技术？
8．简述 OLED 发光器件的结构及工作原理。
9．简述 OLED 显示屏常用的驱动方式。

第4章

智能电视终端硬件电路

要求

熟悉智能电视的信号接收电路及 SoC 处理电路的组成及工作原理。

知识点

- 掌握 RF 信号、WIFI 信号、IPTV 信号的接收电路的工作原理。
- 掌握 SoC 芯片的结构及工作原理。
- 掌握 SoC 芯片外围电路的检修技术。

重点和难点

- SoC 芯片的结构及工作原理。
- SoC 芯片及其外围电路的检修技术。

4.1 智能电视信号的调谐与接收

4.1.1 数字电视调谐器

1. 调谐器的基本原理

调谐器的作用是从大量电波中选择出需要接收的电视信号，并将其放大、调制成电视 SoC 芯片能识别和接收的信号。目前，根据变频方式的不同，调谐器架构可以分为一次变频架构和二次变频架构。

一次变频调谐器射频前端的架构图如图 4-1 所示。首先，50～860 MHz 带宽的电视信号经低噪声放大器（LNA）放大，以提高抗噪声能力；然后，跟踪滤波器（Tracking Filter）实现对放大后的电视信号中的镜像信号和谐波频段干扰信号的抑制；之后，混频器将高频电视信号搬移至中频（Intermediate Frequency，IF）；最后，声表面波滤波器（SAW Filter）将电视信号中的其他频率的信号滤除，选出中频电视信号，输出至低频模拟模块进行进一步处理。整个过程需要一个混频器模块、一个本地振荡器（LO）。

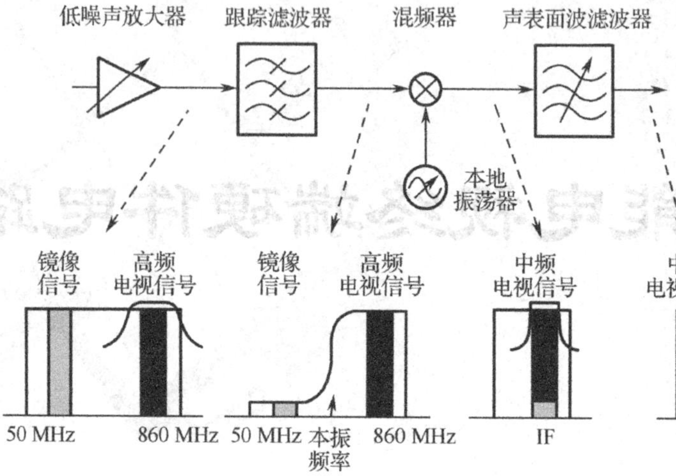

图 4-1　一次变频调谐器射频前端的架构图

二次变频调谐器射频前端的架构图如图 4-2 所示。首先，电视信号经低噪声放大器放大；然后，上变频器将整个带宽内的信号上变频，其中，高频电视信号被搬移至第一中频 IF_1 处，成为第一中频电视信号；之后，声表面波滤波器选出第一中频电视信号，同时将其他频率的信号（包括镜像信号）进行第二次变频，即下变频，将处于第一中频 IF_1 处的电视信号频带搬移至第二中频 IF_2 处。整个过程需要两个混频器、两个本地振荡器。与一次变频调谐器相比，二次变频调谐器具有较高抑制镜像干扰的能力。

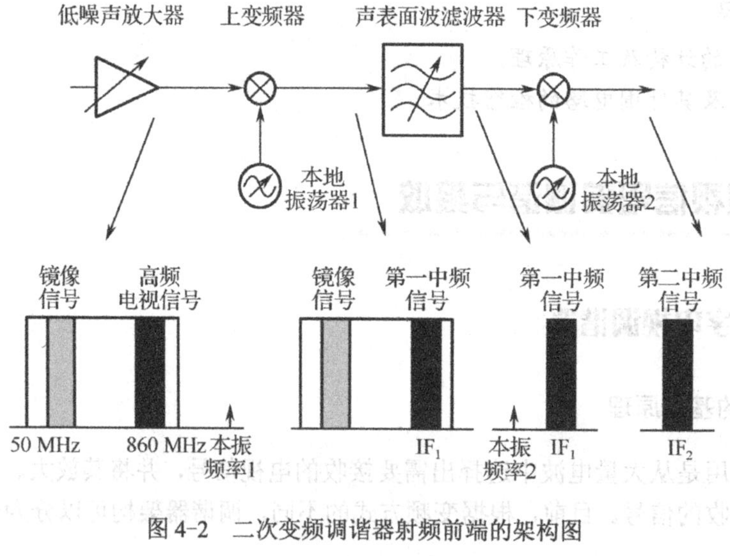

图 4-2　二次变频调谐器射频前端的架构图

根据输出中频频率的不同，调谐器架构还可以分为零中频架构和低中频架构。零中频调谐器的优势在于不需要镜像抑制滤波器，结构更为简单；但其缺点也很明显，如会受到闪烁噪声的影响，直流偏移问题较严重。

在图 4-3 中，去掉了片外声表面波滤波器，镜像抑制改为在数字基带中完成，其镜像抑制比可达 60 dB，能够满足系统应用。这不仅降低了成本，实现了单芯片全集成，还省去了高频信号流入、流出芯片的过程，简化了设计。

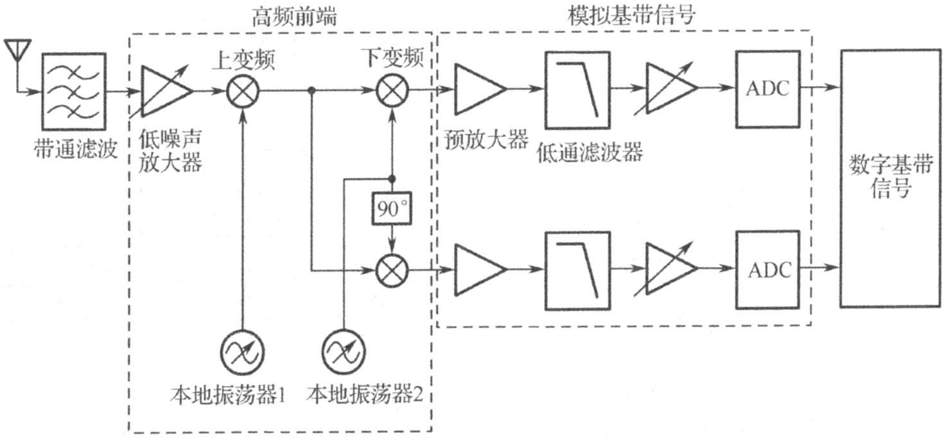

图 4-3　低中频调谐器结构框图

2. 硅调谐器

目前，电视机、机顶盒等产品的射频前端采用的几乎都是硅调谐器。当前，技术较为成熟的硅调谐器产品大致有三种：全模拟硅调谐器、数模混合硅调谐器、全频段数字硅调谐器。

1）全模拟硅调谐器

典型全模拟硅调谐器的型号为 NXP18273，其功能框图如图 4-4 所示。全模拟硅调谐器与传统铁盒调谐器的基本工作原理相似，其芯片尺寸为 6 mm×6 mm×0.85 mm，比传统铁盒调谐器小很多。全模拟硅调谐器采用混频振荡器锁相环（MOPLL）CAN 调谐技术，具有性能稳定、技术成熟、市场接受度高、信号处理速度快、无延时、不需要片外声表面波滤波器等优点，适用于 DVB-T2 标准和 DVB-C2 标准的数字电视信号的调谐接收。

2）数模混合硅调谐器

典型数模混合硅调谐器的型号为 Si2158，其功能框图如图 4-5 所示。数模混合硅调谐器的系统复杂度较高。数模混合硅调谐器先对电视信号进行混频，然后对低中频信号、零中频信号进行数字化处理，之后进行数字中频滤波，最后输出中频电视信号。利用数模混合硅调谐器强大的数字滤波功能，可实现更加灵活的信号处理，不同的信号带宽、各种滤波特性滚降特性曲线可根据需要进行设置。数字信号的一致性较高，在保证足够采样精度的前提下，数模混合硅调谐器的滤波特性指标比全模拟硅调谐器的滤波特性指标更好，比如，对于 ACI（Adjacent Channel Interference），用数字滤波得到的结果通常比用全模拟滤波得到的结果低 3～5 dB。

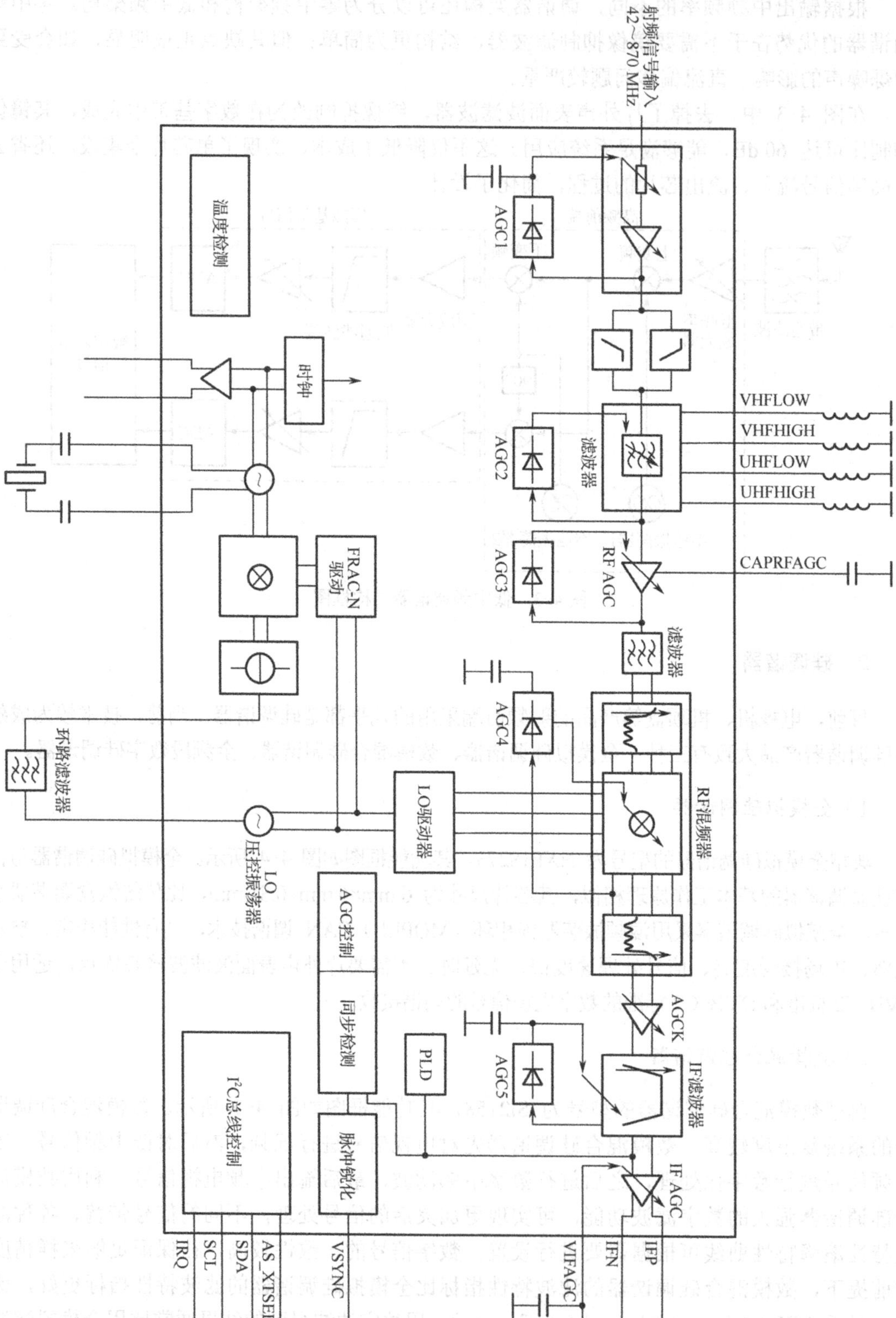

图 4-4 NXP18273 的功能框图

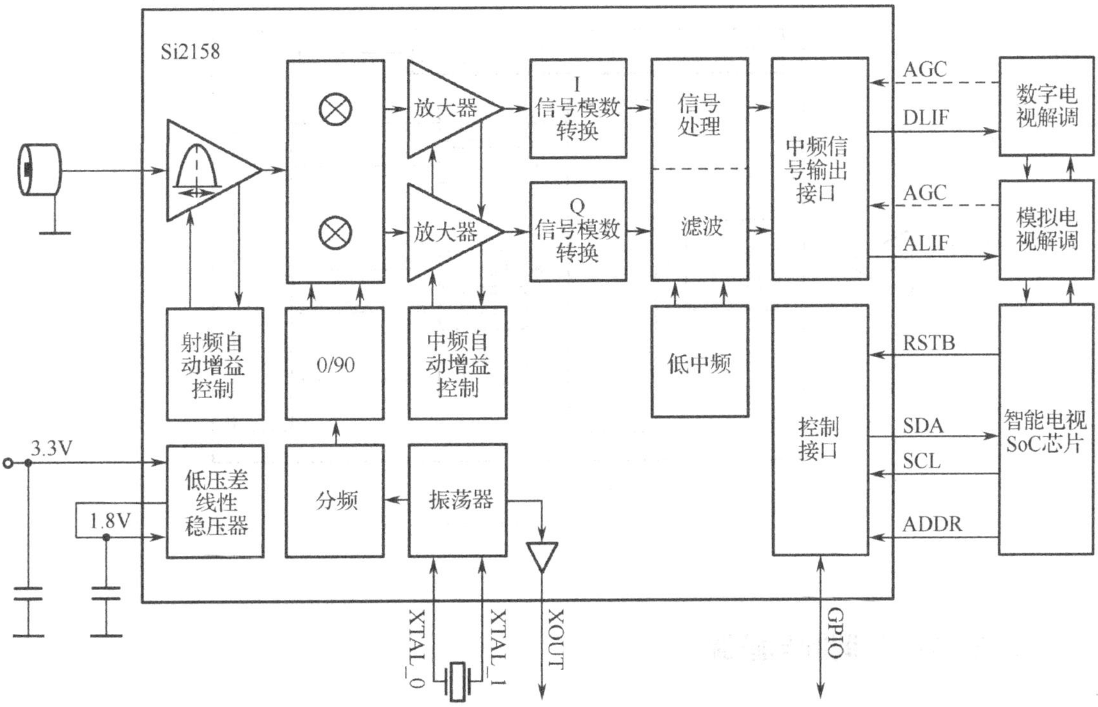

图 4-5 Si2158 硅调谐器的功能框图

3）全频段数字硅调谐器

如今，传输信道（尤其是有线信道）传输的信号不仅包括电视信号，还包括许多视频点播内容（VOD）、FM 广播内容等。此外，传输信道还具有一些其他功能，如网络接入等。如果一个接收平台需要同时收看多套节目，并进行基于 IP 协议的信息通信，那么直接的办法就是将多种不同的功能单元叠加组合到这个接收平台。例如，接收平台内置 8 个电视信号接收单元（调谐器+解调器），内置以太网接口单元，同时，每个接收单元的调谐器前端接口都接有一根天线。实际上，这是一件十分复杂的事情，当多个独立的单元叠加到一起时，成本、功耗、系统复杂度等都是不得不考虑的因素。针对以上需求，博通公司于 2011 年提出了基于全频段捕获的全频段接收器概念，该接收器可以直接将有线信道中的全频段信号进行数字化处理后再进行后期处理，这样最高可以同时支持全频段任意位置的 8 路信号解调并输出，极大简化了系统电路的设计。例如，我们目前使用的电视机全频段搜索一次信号大约需要 5 min，每次换台大约需要 3～5 s，但是当采用全频段捕获系统后，搜索信号和换台的时间几乎是不需要计量的。全频段捕获示意图如图 4-6 所示。

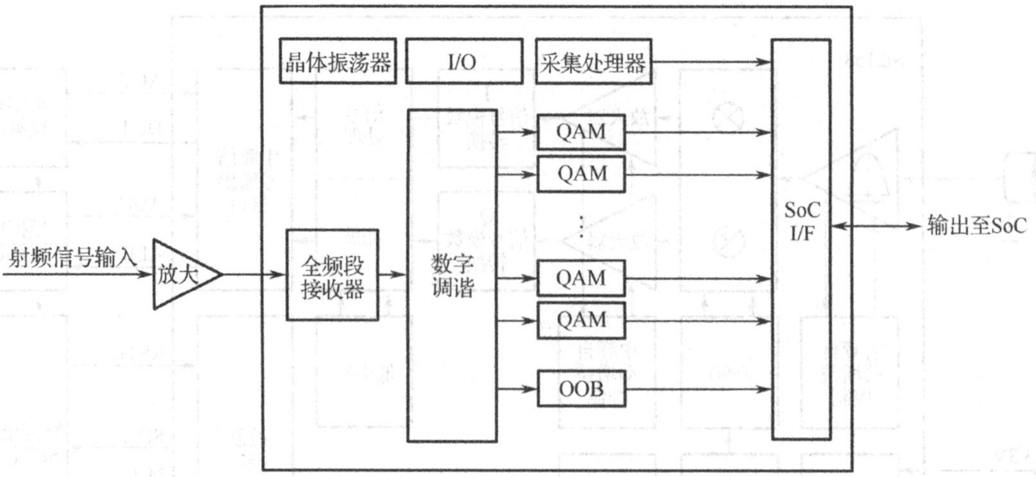

图 4-6　全频段捕获示意图

4.1.2　Wi-Fi 调制与解调

Wi-Fi 主要采用基于 802.11 b/g 标准的 2.4 GHz 无线电波频段进行通信，最快传输速度为 54 Mbit/s。因为 802.11b 标准多采用 BPSK、QPSK 调制模式，802.11g 标准多采用 OFDM 调制模式，故 Wi-Fi 具有抗多径效应强、频谱利用率高等优点。OFDM 是一种多载波调制技术，其系统结构框图如图 4-7 所示。图 4-8 展示了 Wi-Fi 信道的分布。Wi-Fi 信道分布在 2401～2483 MHz 频谱之间，信道频谱宽度均为 22 MHz，相邻信道的间隔为 5 MHz。Wi-Fi 信道中的相邻多个信道频谱可相互重叠。Wi-Fi 信道中有 3 个信道完全不重叠，分别为图 4-8 中的信道 1、6、11，这 3 个非重叠的信道可同时用于同一个自由空间。

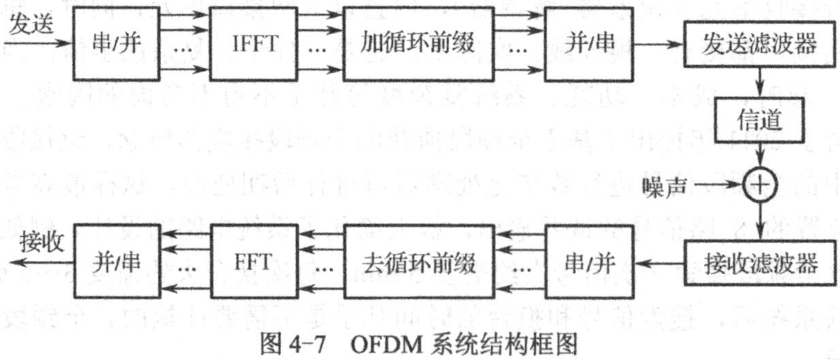

图 4-7　OFDM 系统结构框图

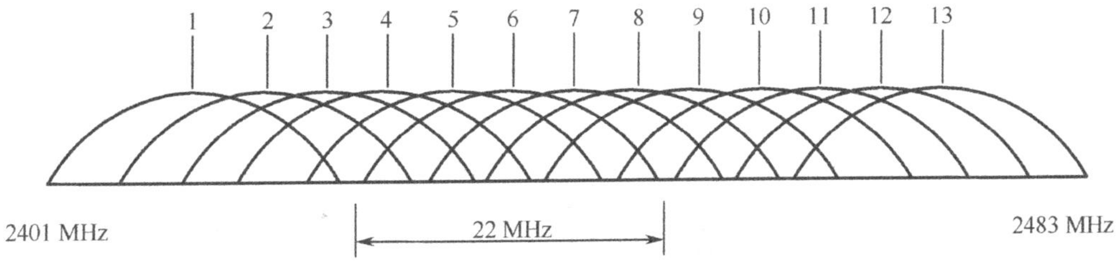

图 4-8 Wi-Fi 信道的分布

4.1.3 IPTV 信号的接收处理

IPTV 信号的接收处理过程如图 4-9 所示。IPTV 机顶盒通过自带的网络接口与 IP 网络相连，以进行信号的接收和发送。IPTV 机顶盒对接收的信号进行解调、解码、解扰，并将其转换为电视机可以识别的信号，最后输出至电视机。

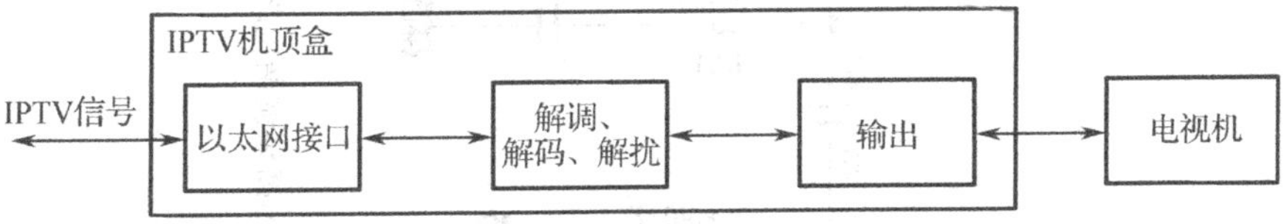

图 4-9 IPTV 信号的接收处理过程

IPTV 信号通常采用 RTP（实时传输协议），其音频流、视频流可分别编码为独立的 RTP 流，利用相关编码技术（如 MPEG）还可将音频流、视频流编码在同一个 RTP 流中。RTP 流的分组数据格式如图 4-10 所示。

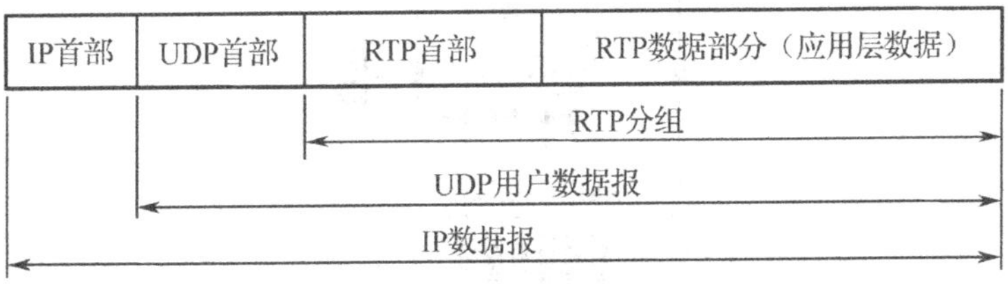

图 4-10 RTP 流的分组数据格式

实训 8 电视调谐器电路分析

1. 分析电视调谐器外围电路

对照 RT95 机芯高频调谐电路图（见图 4-11）分析其信号流程。

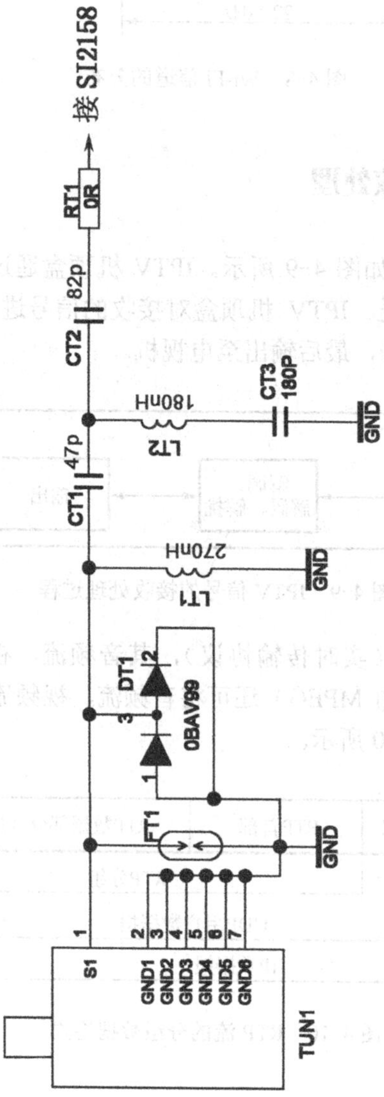

（a）

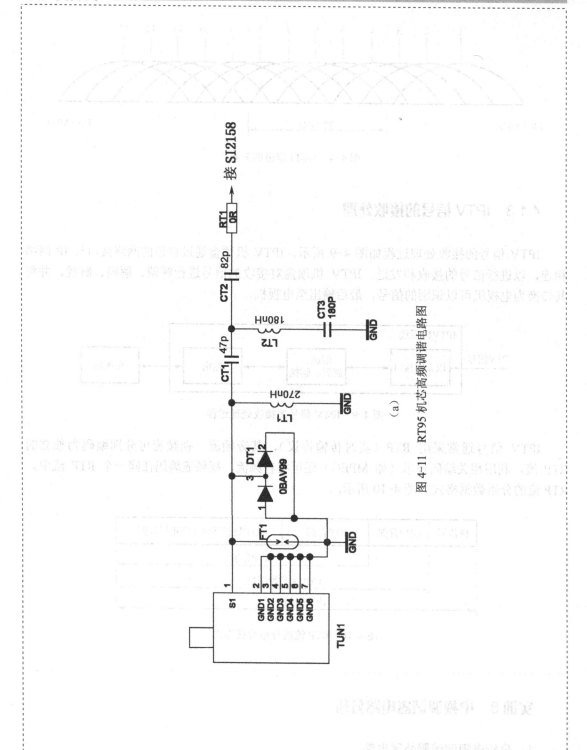

图 4-11 RT95 机芯高频调谐电路图

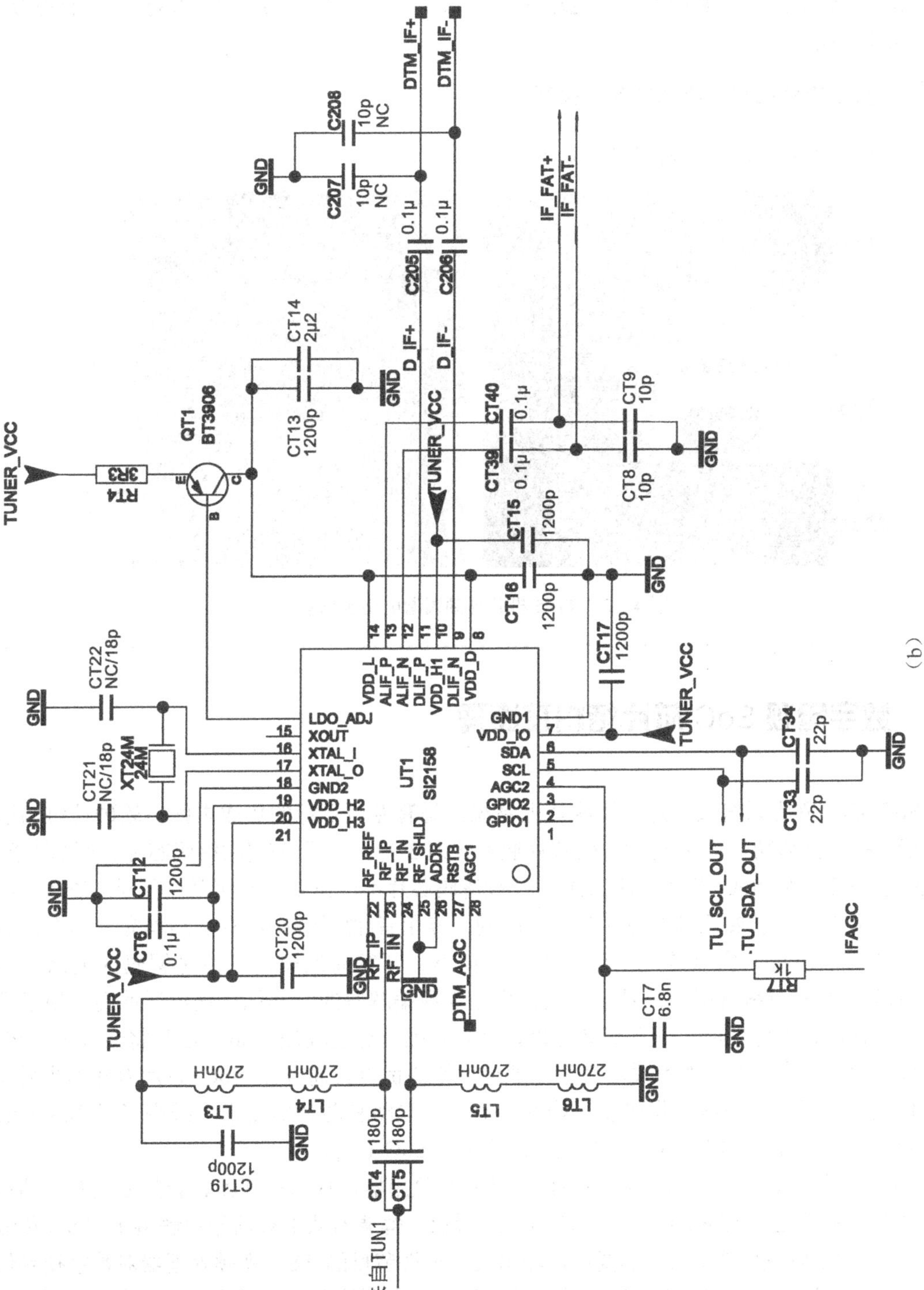

（b）

图4-11　RT95机芯高频调谐电路图（续）

现对图 4-11 中的相关数值单位说明如下：n 表示 nF，p 表示 pF（如 10p 表示 10pF），μ表示μF（如 0.1 μ表示 0.1 μF，2μ2 表示 2.2 μF）；R 或无单位表示Ω，k 表示 kΩ，M 表示 MΩ（如 3R3 表示 3.3 Ω，3k3 表示 3.3 kΩ，3M3 表示 3.3 MΩ）。后面类似的图同此说明。

2. 找出电路图与实物图的对应关系

RT95 机芯高频调谐电路实物图如图 4-12 所示。

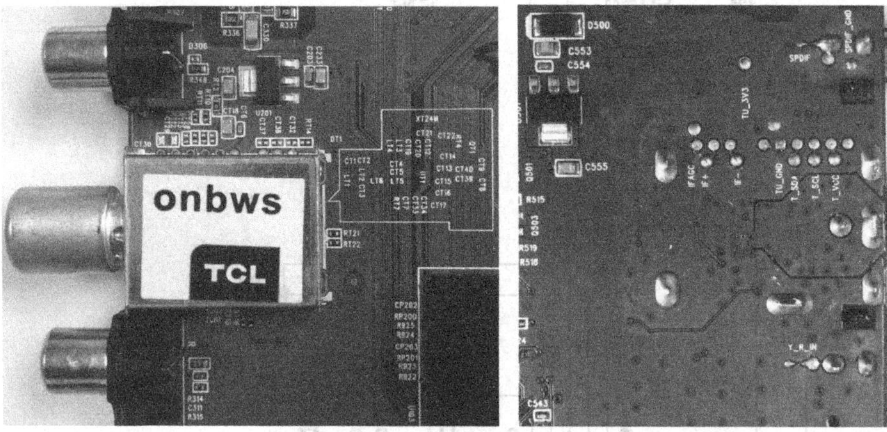

图 4-12　RT95 机芯高频调谐电路实物图

4.2　数字电视 SoC 芯片结构及原理

SoC 芯片称为系统级芯片，又称片上系统，是有专用目标的集成电路，软硬件协调运行才能发挥其具体功能。音/视频解码芯片通常分为 3 种：专用音/视频解码芯片、可编程音/视频编解码芯片及 SoC 芯片。这三种音/视频解码芯片不仅在结构方面存在区别，还在占用资源、灵活性、可扩展性等方面存在很大区别。专用音/视频解码芯片的结构完全由专门的硬件解码算法决定，优点是处理速度快、功耗小、开发周期短，缺点是解码的灵活性不足。可编程音/视频编解码芯片是通过软件程序实现编解码的，其优点是灵活性高、便于升级和二次开发、支持多种音/视频编码标准，缺点是处理速度较慢。SoC 芯片将嵌入式 CPU 和硬件加速单元相结合，兼有灵活性和处理速度快的优点。通过在 SoC 芯片内部集成所需的接口模块，提高了系统的集成度，降低了对外围电路和芯片的要求，减少了成本并降低了故障发生率。目前智能电视信号的处理往往采用 SoC 芯片。

SoC 芯片主要由中央处理器、解调器、TS 解复用器、视频处理器、音频处理器、图形处理器及视频后处理电路等组成，如图 4-13 所示。解调器从中频信号中解调出 TS（传输流）信号。TS 解复用器对 TS 解复用，输出某一电视节目的 TS。视频处理器对数字视频信号进行信源解码，输出 R、G、B 三基色数字信号。音频处理器解码输出音频信号。图形处理器进行 UI 界面及游戏的渲染处理。视频后处理电路对图像进行缩放、参数调节及屏显控制等。

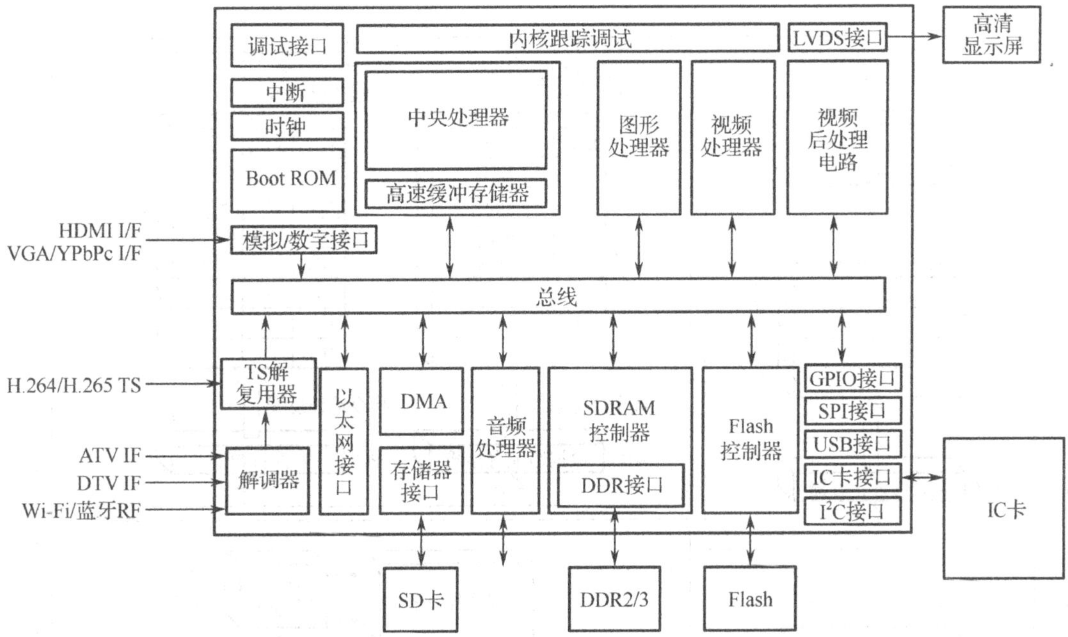

图 4-13　SoC 芯片结构图

4.2.1　中央处理器

中央处理器（Central Processing Unit，CPU）属于超大规模的集成电路，是 SoC 芯片的运算核心和控制核心，主要功能是解释指令及处理软件中的数据。中央处理器主要包括运算器（算术逻辑单元，ALU）和高速缓冲存储器（Cache），以及实现两者之间联系的数据（Data）、指令及地址的总线（Bus）。中央处理器内部结构示意图如图 4-14 所示。

4.2.2　解调器

解调器通常具备两种功能：一种是接收调谐器输出的中频信号，解调出基带信号；另一种是对基带信号进行信道解码，输出 TS。我国数字电视采用的 SoC 芯片通常集成有 QAM 解调器和 DTMB 解调器。

1. QAM 解调器

QAM 解调器原理框图如图 4-15 所示。接收端接收到信号后，首先对其进行 A/D 转换，然后进行两路正交下变频，经低通滤波器输出基带信号，之后判决器对基带信号进行判决获得基带符号流，基带符号流经过解映射得到二进制比特流，最后通过信道解码输出 TS。

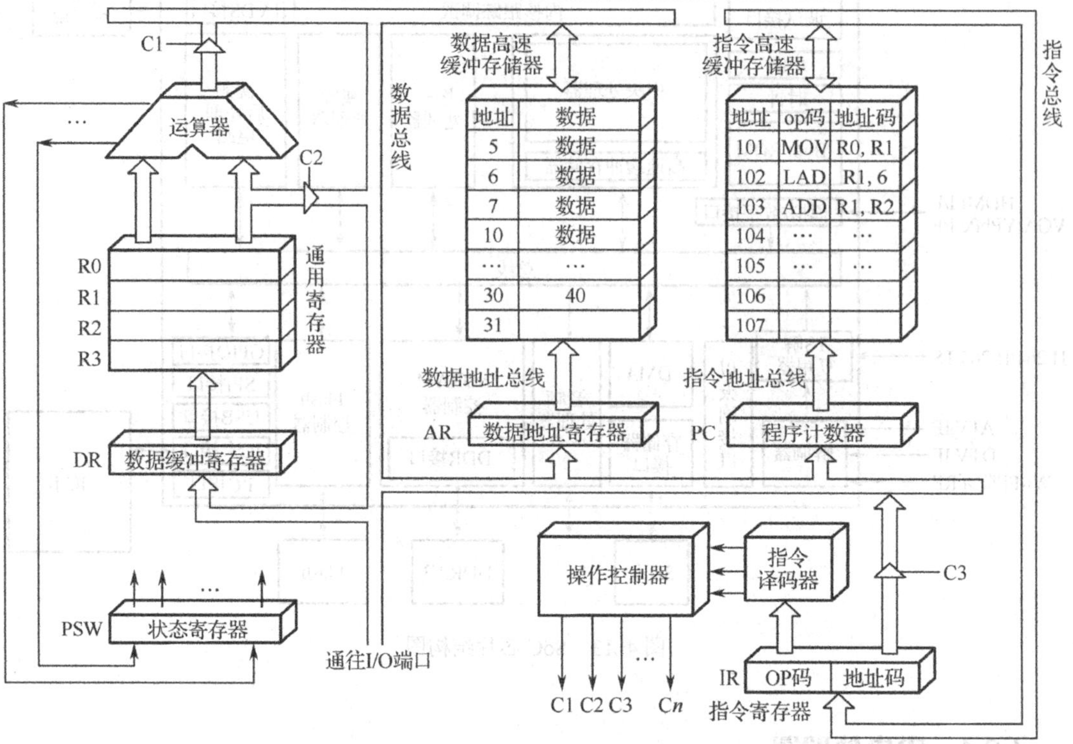

图 4-14 中央处理器内部结构示意图

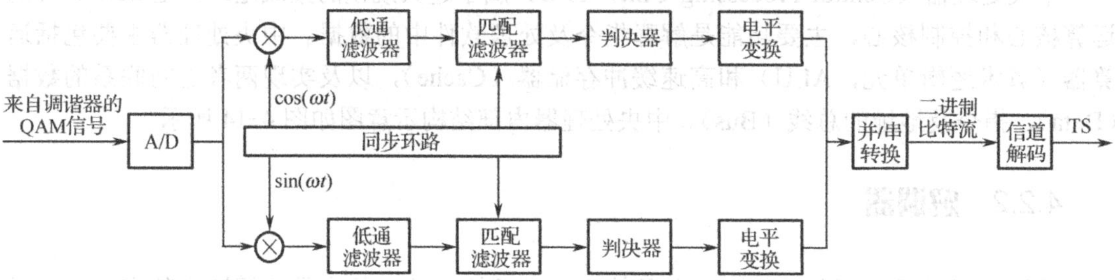

图 4-15 QAM 解调器原理框图

2. DTMB 解调器

DTMB 解调器原理框图如图 4-16 所示。来自调谐器的中频信号经过 A/D 转换、正交混频后下变频至基带信号；基带信号经匹配滤波后利用 PN 序列进行符号同步、载波同步和采样同步；然后根据 PN 序列的已知信息完成信道估计；去除保护间隔后进行 3780 点 FFT 解调；最后通过信道解码输出 TS。

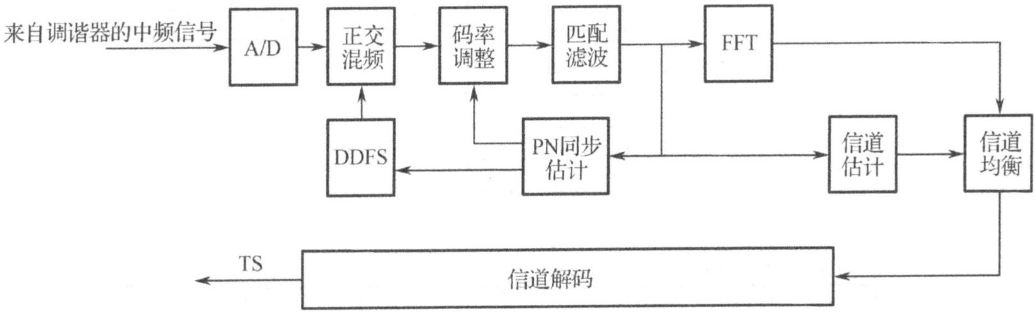

图 4-16　DTMB 解调器原理框图

4.2.3　TS 解复用器

TS 解复用器的作用是从 TS 中解复用出相应节目的基本码流。TS 解复用器原理框图如图 4-17 所示。PSI 中节目与网络的映射关系如图 4-18 所示。TS 解复用器首先在码流中找到 PAT（节目关联表）包（PID=0 的 TS 包）。PAT 包含码流中所有 PMT（节目映射表）的位置及 PMT 的 PID（包标识符）值，可从其中找出所选节目的 PMT 的 PID 值，根据该 PID 值可从码流中找到该 PMT 的 TS 包。TS 解复用器之后从 PMT 中找到所选节目的视频、音频及辅助数据对应的 TS 包的 PID 值，就可以对所选节目进行解复用。解复用过程如图 4-19 所示。

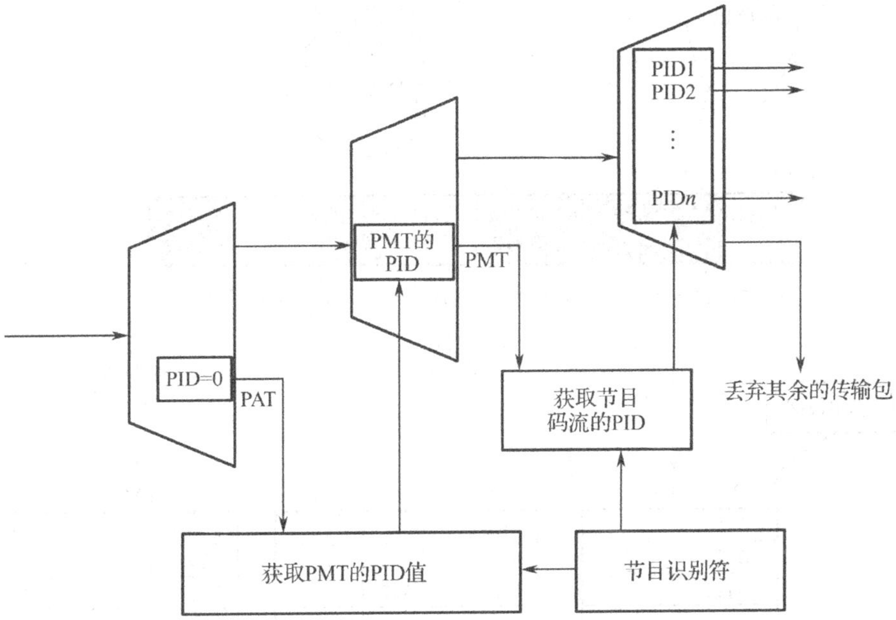

图 4-17　TS 解复用器原理框图

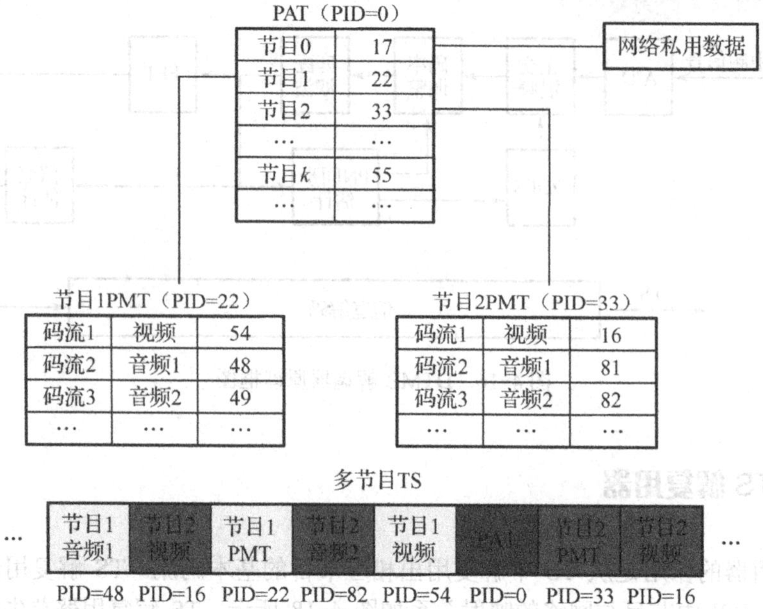

图 4-18 PSI 中节目与网络的映射关系

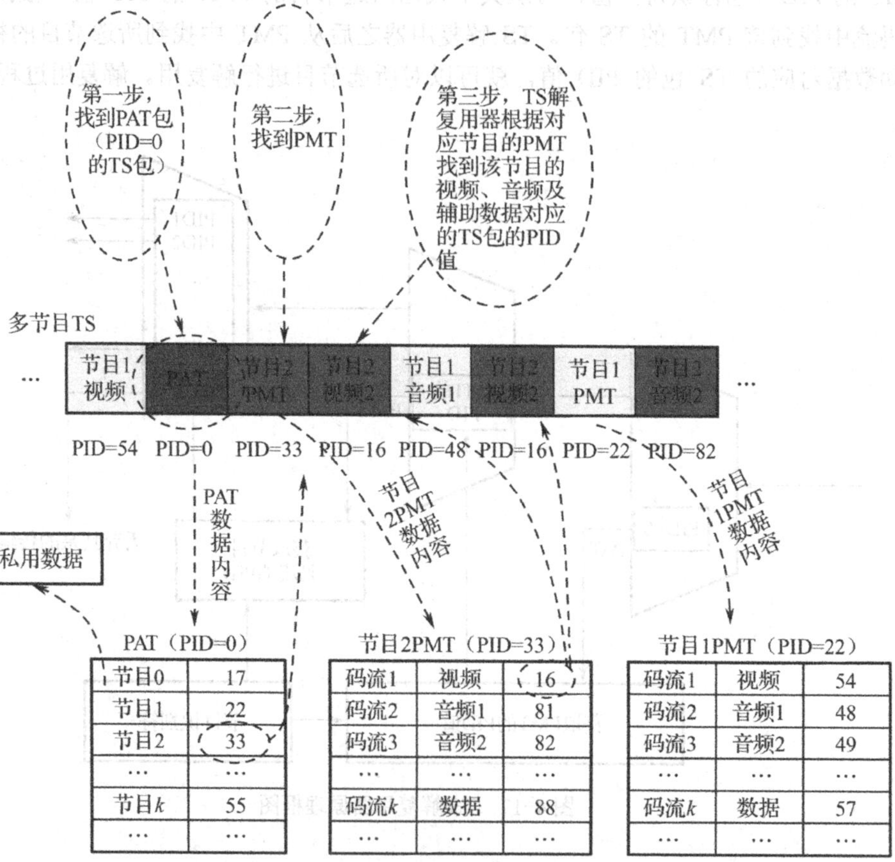

图 4-19 解复用过程

4.2.4 视频处理器

视频处理器的作用是从节目的基本码流中解码出视频数据信号。视频处理器原理框图如图 4-20 所示。视频处理器的解码流程主要包括帧内预测、帧间运动补偿、去块滤波、反变换、反量化和熵解码等。视频码流读入解码器缓冲区后，首先进行熵解码，得到视频码流的一系列重要编码信息和实际压缩帧的数据。然后经过反扫描重新排序，通过反量化、反变换后得到编码帧的预测残差值及运动矢量等。之后根据得到的码流语义解释，进行相应的帧内预测或帧间运动补偿，对于帧间预测，还需要进行与编码器端完全相同的去块滤波操作，以形成重建的参考帧。在完成所有宏块的解码后，就能够得到相应的解码重建帧，并输出解码视频序列。智能电视 VPU（视频处理单元）支持多标准视频解码，包括 H.265、H.264 HP、H.264 MP/BP/MVC、VC-1、VP8/WebM、H.263、RMVB（Real 视频）、MPEG-2、MPEG-4、AVS、VP6、DivX、Sorenson 和 JPEG。

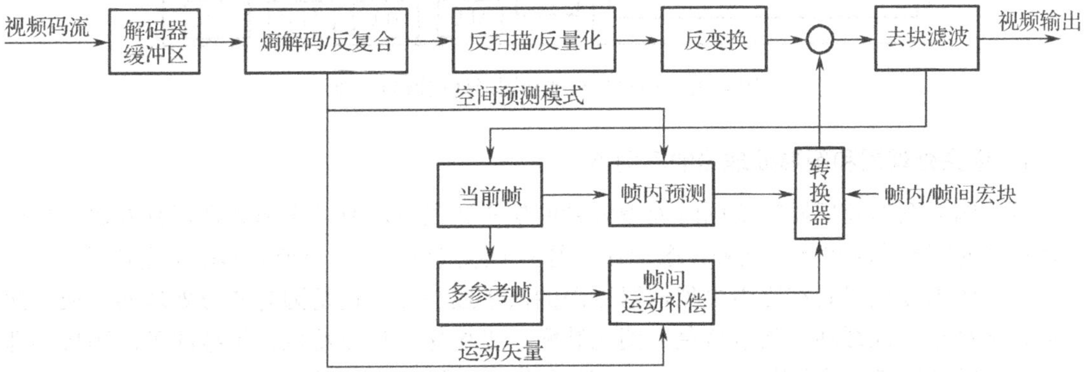

图 4-20　视频处理器原理框图

4.2.5 音频处理器

音频处理器信号处理流程如图 4-21 所示。音频处理器在搜索到每一帧的同步信号后，通过查表等方法，从压缩的音频码流中获得各个子带信号的系数。音频数字信号经比特流分解、逆量化和比特分配，输出 32 个子带信号；32 个子带信号经 32 波段合成多相滤波器恢复原始的音频数字信号。

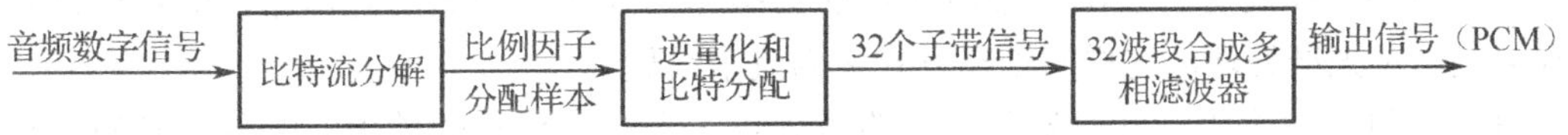

图 4-21　音频处理器信号处理流程

4.2.6 图形处理器

图形处理器（Graphics Processing Unit，GPU）主要用于 UI 界面及游戏的渲染。图形处理器概念最早是由英伟达公司于 1999 年提出的。英伟达公司设计并制造了世界上第一个图形处理器芯片——Ge Force256，此芯片能够完成坐标的三维变换、光照计算、图元裁剪和渲染等。在图形处理器没有出现之前，三维图形的渲染都是由 CPU 完成的。为了减轻 CPU 的计算负担，人们设计了图形处理器来完成与图形相关的运算，它能快速地读写显示缓冲区（又称帧缓冲区）。图形处理器是基于并行架构设计的，这使得其图形渲染性能极大提升，并促进了计算机图形学的快速发展。中央处理器与图形处理器的区别如图 4-22 所示。

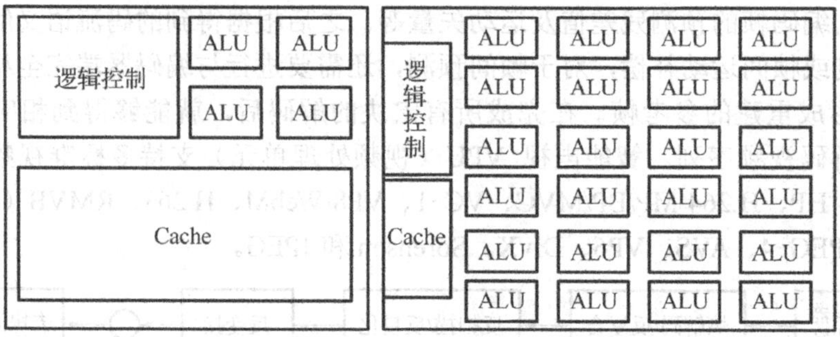

图 4-22　中央处理器和图形处理器的区别

1. 中央处理器和图形处理器的不同点

（1）因为图形处理器需要同时处理大量的像素和顶点，所以图形处理器具有比中央处理器更多的算术逻辑单元。此外，图形处理器基于浮点设计，中央处理器基于定点设计。

（2）图形处理器具有比中央处理器更深的流水线深度。这是因为图形处理器完成一次渲染，要经过输入缓冲、顶点着色、图元装配、光栅化、片段着色、帧缓冲等。图形处理器的流水线可以有上千个阶段，而中央处理器的流水线往往只有几十个阶段。

（3）中央处理器比图形处理器具有更复杂的逻辑控制。例如，中央处理器具有比图形处理器更精确的分支预测功能。因为图形处理器的算术逻辑单元主要用于完成单指令多数据运算，过多的分支指令会极大降低图形处理器的运行效率，所以图形处理器在分支预测模块没有进行太深入的设计。

（4）中央处理器通过多级大量的高速缓冲存储器隐藏访存延迟，图形处理器通过大量的线程不断切换运行隐藏访存延迟。

2. 图形处理器的工作过程

应用程序将需要进行三维渲染或计算的数据和指令递交给图形处理器，图形处理器执行几何处理及光栅处理，这样的处理方式称为流水线处理。

（1）几何处理阶段。几何处理进行的是顶点、多边形级别的处理，主要包括对模型及视图进行变换、顶点着色、投影、三角形裁剪、屏幕映射。

模型变换的目的是将对象从模型空间变换至世界空间（World Space）。游戏中的每个人或物都有一个对应的模型，每个模型都有自身的坐标［见图 4-23（a）］，在成为屏幕上共同场景中的画面对象之前，这些模型需要变换为多个空间或坐标系［见图 4-23（b）］。作为对象的模型空间（Model Space）的坐标称为模型坐标。在经过坐标变换后，多个模型就会处于共同的世界坐标或世界空间［见图 4-23（c）］，这样就确定了该模型在场景中的方向、位置。

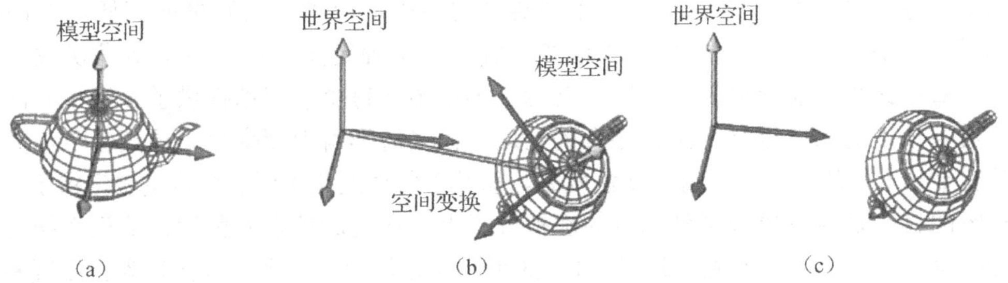

图 4-23　模型空间变换至世界空间

视图变换的目的是将所有的对象从世界空间变换至视图空间。实时渲染场景中包含的对象（模型）可以有很多个，但是只有被摄像机（或观察者）视角覆盖的区域（世界空间）（见图 4-24）才会被渲染。

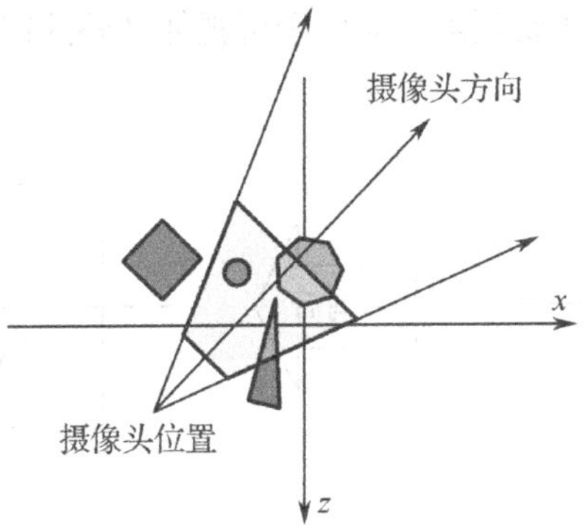

图 4-24　视角覆盖的区域（世界空间）

视图变换是为了简化数学运算，如果将摄像头放在空间原点中心并观察三个坐标轴中的一个，那么数学运算就能简化很多，这样的空间称为视图空间，如图 4-25 所示。

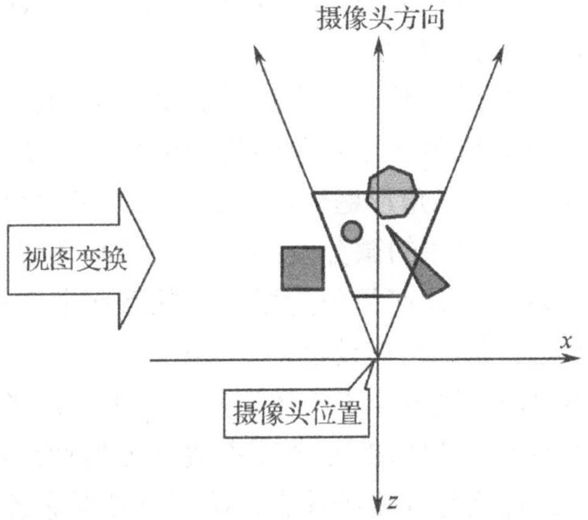

图 4-25　视图空间

完成视图变换后进行顶点着色。顶点是图形中的基本元素。在三维空间中，每个顶点都拥有自己的坐标和颜色值等参数，三个顶点可以构成一个三角形，最终生成的立体画面则是由数量繁多的三角形构成的。三角形数量的多少决定了画面质量的高低，画面越真实、越精美，其拥有的三角形数量就越多。着色是指确定光照在物料上所呈现效果的操作。顶点着色比平面着色更复杂一些，它为三维物体的每个顶点都提供了一组单独的色调值，并对各顶点的颜色进行平滑、融合的处理，为多边形着上渐变色。顶点着色渲染出的物体具有十分丰富的颜色和平滑的变色效果，但其着色速度比平面着色速度要慢得多。

投影的目的是将对象投影到相机的虚拟屏幕上。在完成顶点着色后，渲染系统会将可视体变换至（-1，-1，-1）到（1，1，1）的单元立方体中，这个立方体称为正则观察体。投影方式一般有两种：平行投影和透视投影。对于平行投影，图形沿平行线变换到投影面上。对于透视投影，图形沿收敛于某一点（投影中心，相当于观察点，又称视点）的直线变换到投影面上。透视投影模拟的是人的视觉体验，多用于游戏或虚拟现实。

三角形裁剪如图 4-26 所示。只有在可视体内的图元才会被传送到屏幕上，在绘制这些图元的光栅阶段，如果图元有顶点落在可视体之外，在裁剪时就会将可视体之外的部分切除并在可视体与图元相交的位置生成新顶点，而位于可视体之外的旧图元会被抛弃。

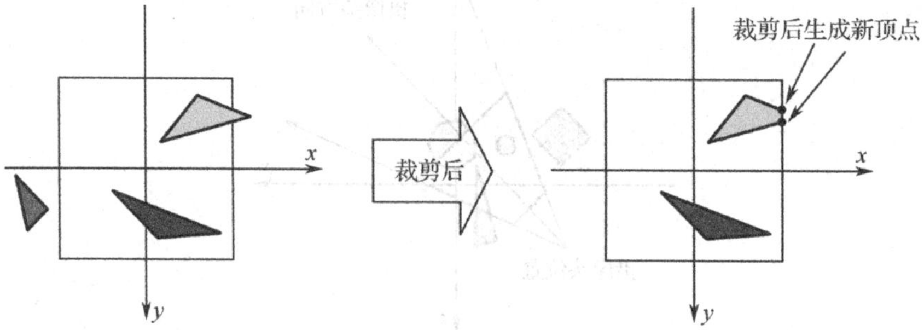

图 4-26　三角形裁剪

屏幕映射：经过三角形裁剪后的位于可视体内的图元会进入屏幕映射阶段，此时的坐标信息依然是三维的。图元的 x 坐标、y 坐标变换至屏幕坐标系，屏幕坐标加上 z 轴坐标称为窗口坐标。新的 x 轴、y 轴是屏幕坐标系统，有对应的屏幕像素位置，不再是之前投影处理后的正则观察体所采用的映像坐标系统。

（2）光栅处理阶段。在获得了经过变换和投影处理的顶点及与其相关的着色信息后，光栅处理阶段计算并设置好被覆盖区域对象的像素颜色，该处理称为光栅化或扫描转换。光栅处理阶段包括三角形设定、三角形遍历、像素着色、输出合并。

三角形设定：进行三角形表面的微分及其他关于三角形表面数据的计算。计算得出的数据会用于三角形遍历，以及对几何处理阶段产生的各种着色数据进行插值处理。图形处理器采用固定硬件功能单元实现三角形设定。

三角形遍历（见图 4-27）：检查样本或像素是否位于三角形内，又称扫描转换。每个三角形对应片元的属性都是由该三角形的三个顶点数据插值而成的。三角形遍历与输出合并之间的栅格数据就是片元。片元是像素的前身，除了具备像素的 x 坐标、y 坐标，还具有表示深度的 z 坐标及顶点的属性信息（颜色、片元法线、纹理坐标）。图 4-27 中的每一方格为一个像素。

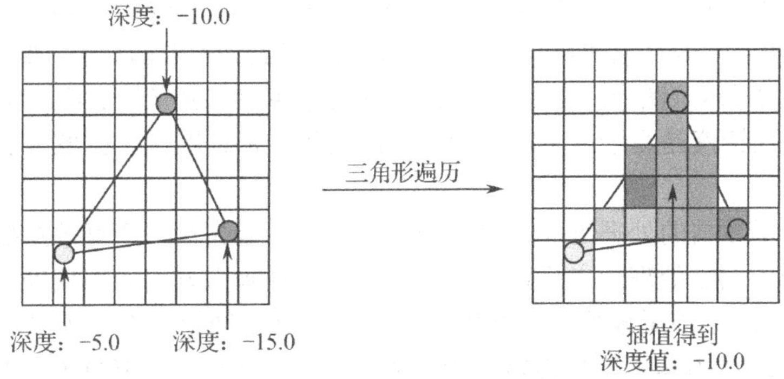

图 4-27　三角形遍历

像素着色：计算出所有像素的着色数据。像素着色发送到下一个工位的计算结果可能是一个色彩值也可能是多个色彩值。

输出合并（见图 4-28）主要是将前面步骤生成的色彩信息进行合并，以形成最终需要输出的像素色彩。

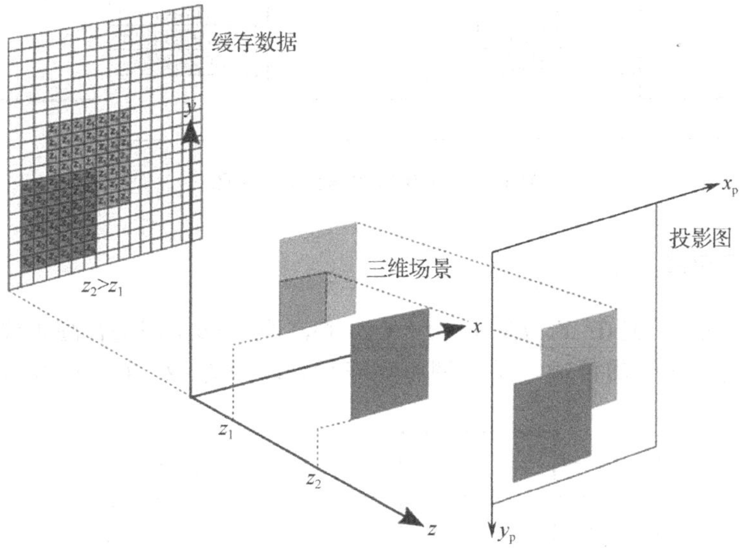

图 4-28　输出合并

4.2.7　视频后处理电路

1. 图像缩放器

液晶显示屏由固定分辨率的像素点阵构成。图像缩放器作为一种图像处理芯片，可以根据液晶显示屏的固有分辨率对图像的分辨率进行缩放，使液晶显示屏能够显示非固有分辨率的图像。在任何输入图像分辨率不固定的应用场合使用的液晶显示屏都必须含有图像缩放器。例如，一个普通的、15 英寸的液晶显示屏的点阵大小为 1024 像素×768 像素，即该液晶显示屏只能显示分辨率为 1024 像素×768 像素的图像，如果将分辨率不是 1024 像素×768 像素（如分辨率为 800 像素×600 像素）的图像直接传送给液晶显示屏驱动芯片，那么液晶显示屏无法正常显示该图像，若将该输入图像的分辨率利用图像缩放器放大至 1024 像素×768 像素后再传送给液晶显示屏驱动芯片，则能正常显示该图像。图像缩放器结构示意图如图 4-29 所示。

图像缩放器对数据的处理过程可以分为两个阶段：首先对每个有效扫描行中的有效像素进行水平方向的缩放处理；之后以扫描行为单位进行垂直方向的缩放处理。每个图像缩放器由 3 个顺序连接的子模块（水平缩放子模块、行缓冲存储器子模块和垂直缩放子模块）构成。图像缩放的基本原理是被缩放信号时钟将数据输入 FIFO（先进先出数据缓存器）中，同时按显示的格式和时钟读取数据。

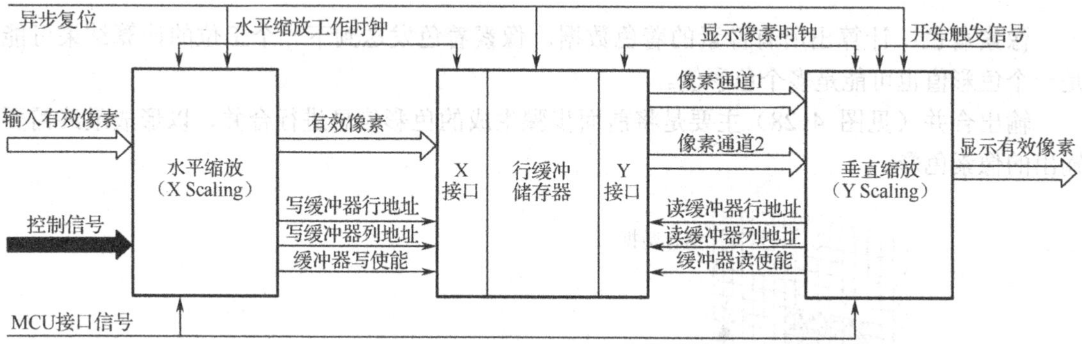

图 4-29　图像缩放器结构示意图

2. 参数调节电路

视频信号处理芯片是在 Y、U、V（Y、C_R、C_B）的色彩空间进行画质调整的，这样便于设计算法并进行信号的传输，画质调整完毕后，转换为 R、G、B 输出，如图 4-30 所示。

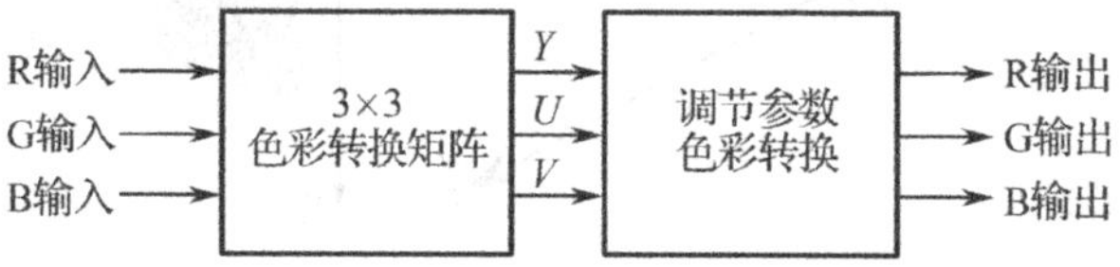

图 4-30　色彩空间转换

参数调节电路可以实现所有 R、G、B 色彩控制，包括亮度（为 Y 信号提供附加系数）、对比度（为 Y 信号提供乘法系数）、色调（旋转 U 信号与 V 信号之间的夹角）、色饱和度（为 U 信号、V 信号提供乘法系数）。式（4-1）为对比度调节计算公式，式中的 C_VAL 为用户菜单中“对比度”的设定值。

$$\begin{bmatrix} Y_{con} \\ C_{Bcon} \\ C_{Rcon} \end{bmatrix} = \begin{bmatrix} \text{C\_VAL} & 0 & 0 \\ 0 & 1 & 0 \\ 0 & 0 & 1 \end{bmatrix} \times \begin{bmatrix} Y \\ C_B \\ C_R \end{bmatrix} \tag{4-1}$$

因为对比度调节实现的是亮度信号幅度的调节，所以亮度信号 Y 需要乘以系数 C_VAL，以改变 Y 的幅度。

3. 图形引擎

图形引擎主要用于进行屏显控制（OSD）。图形引擎主要由两部分构成：BLT 模块，主要用于对图形进行各种编辑操作；GDU（Graphic Display Unit，图形显示器），主要用于三路图形层显示前的处理及混合操作。图形引擎的整体结构如图 4-31 所示。指令和地址由与 Host IF 相关的寄存器提供，操作数据从系统总线读入，BLT 根据寄存器提供的地址读取 SDRAM 指定位置的图形并对图形进行相关处理，然后写入目标地址。GDU 根据三层图形的目标地址分别读取三层图形，并将三层图形进行放大处理或直接与视频层混合输出。

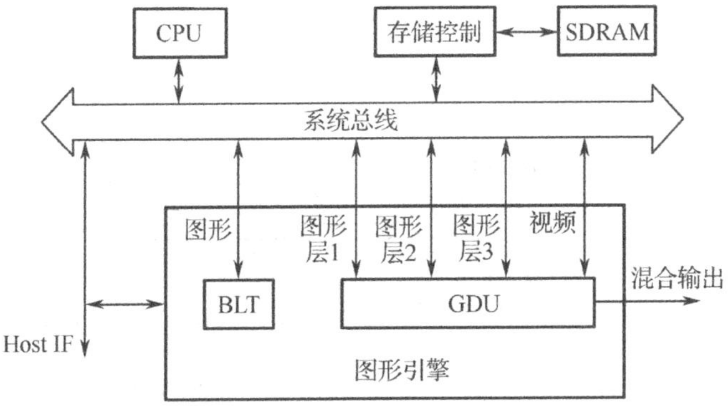

图 4-31　图形引擎的整体结构

实训 9　SoC 处理电路的分析与测试

1. 任务要求

（1）认识液晶电视的 SoC 输入/输出接口。
（2）掌握 SoC 芯片及其外围电路的故障检修技术。

2. 实训器材

液晶电视 1 台、常用电工工具 1 套、60 MHz 以上双踪示波器、万用表、信号发生器

3. 实训内容

1）分析 SoC 处理电路信号处理流程

（1）对照 RT95 机芯原理框图（见图 4-32）分析 RT95 机芯信号处理流程。
（2）根据 SoC 处理电路图分析 RT95 机芯信号处理流程。

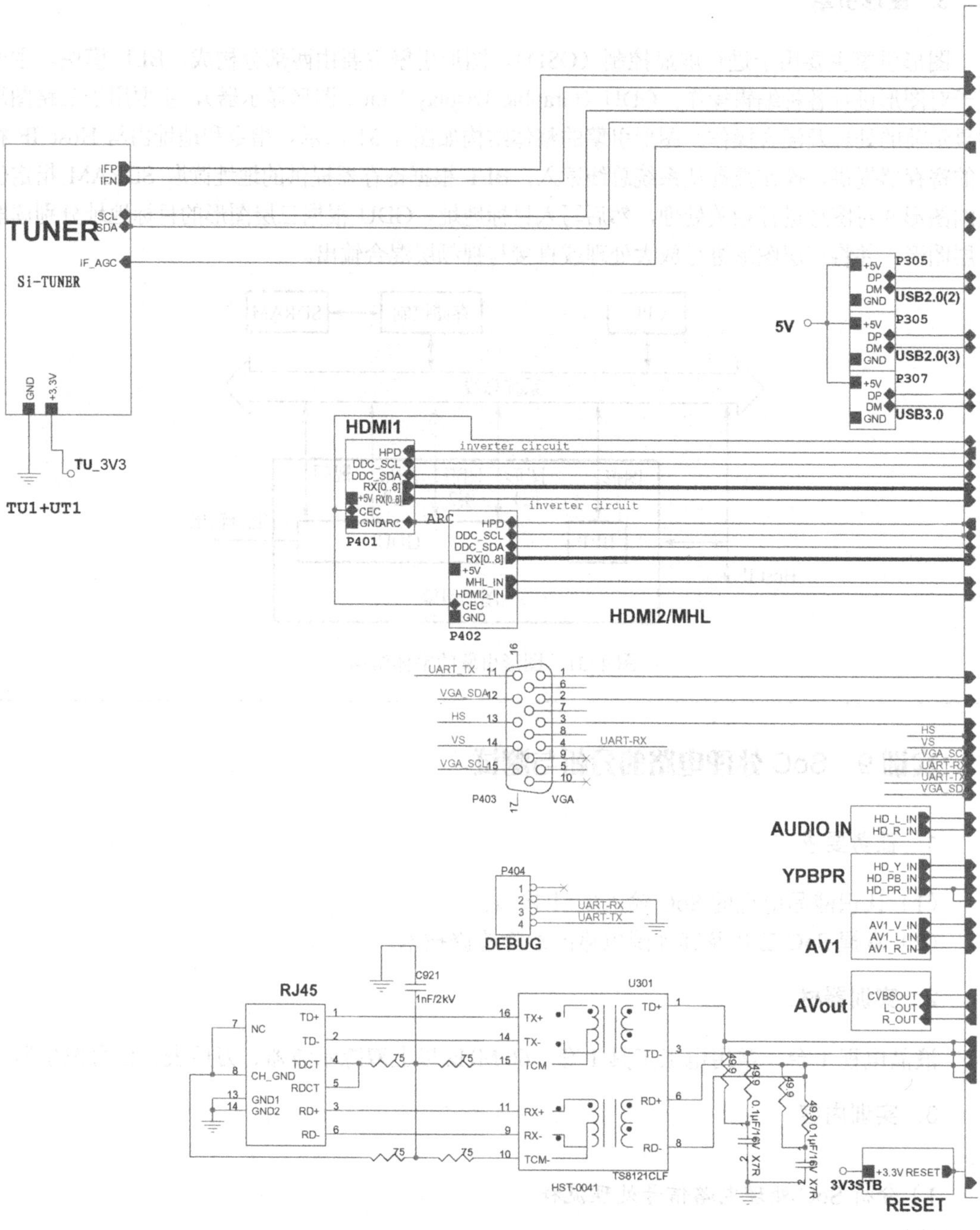

TUNER
Si-TUNER
IFP
IFN
SCL
SDA
IF_AGC
GND
+3.3V
TU_3V3
TU1+UT1
5V
P305
+5V
DP
DM
GND
USB2.0(2)
USB2.0(3)
P307
USB3.0
HDMI1
HPD
DDC_SCL
DDC_SDA
RX[0..8]
CEC
ARC
P401
inverter circuit
MHL_IN
HDMI2_IN
P402
HDMI2/MHL
UART_TX
VGA_SDA
HS
VS
VGA_SCL
UART-RX
P403
VGA
AUDIO IN
HD_L_IN
HD_R_IN
YPBPR
HD_Y_IN
HD_PB_IN
HD_PR_IN
AV1
AV1_V_IN
AV1_L_IN
AV1_R_IN
AVout
CVBSOUT
L_OUT
R_OUT
P404
UART-TX
DEBUG
C921
1nF/2kV
RJ45
TD+
TD-
TDCT
RDCT
RD+
RD-
NC
CH_GND
GND1
GND2
U301
TX+
TX-
TCM
RX+
RX-
TCM-
HST-0041
TS8121CLF
0.1uF/16V X7R
+3.3V RESET
3V3STB
RESET

图4-32

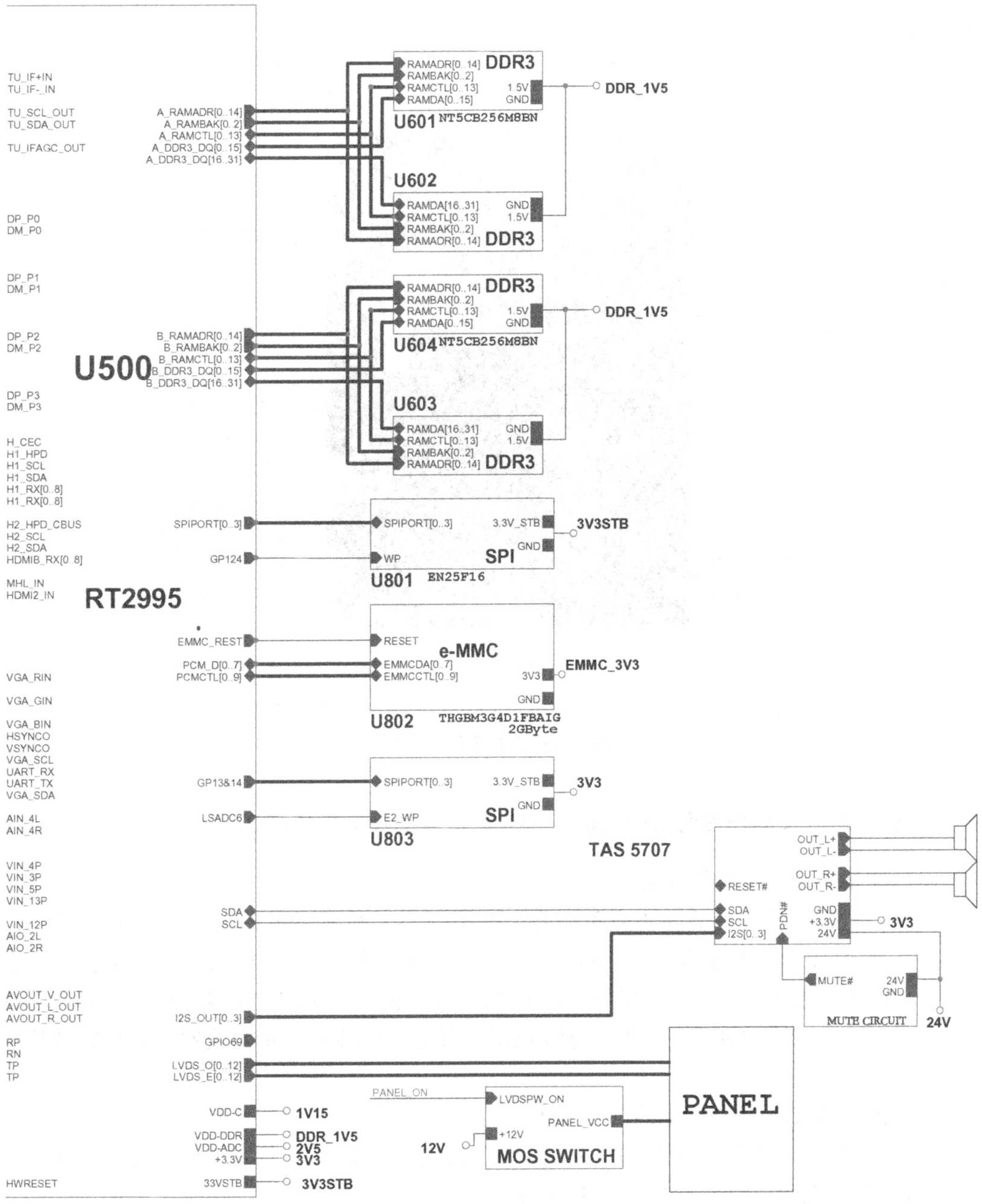

U500
RT2995
TU_IF+IN
TU_IF-_IN
TU_SCL_OUT
TU_SDA_OUT
TU_IFAGC_OUT
DP_P0
DM_P0
DP_P1
DM_P1
DP_P2
DM_P2
DP_P3
DM_P3
H_CEC
H1_HPD
H1_SCL
H1_SDA
H1_RX[0..8]
H1_RX[0..8]
H2_HPD_CBUS
H2_SCL
H2_SDA
HDMIB_RX[0..8]
MHL_IN
HDMI2_IN
VGA_RIN
VGA_GIN
VGA_BIN
HSYNCO
VSYNCO
VGA_SCL
UART_RX
UART_TX
VGA_SDA
AIN_4L
AIN_4R
VIN_4P
VIN_3P
VIN_5P
VIN_13P
VIN_12P
AIO_2L
AIO_2R
AVOUT_V_OUT
AVOUT_L_OUT
AVOUT_R_OUT
RP
RN
TP
TP
HWRESET
A_RAMADR[0..14]
A_RAMBAK[0..2]
A_RAMCTL[0..13]
A_DDR3_DQ[0..15]
A_DDR3_DQ[16..31]
B_RAMADR[0..14]
B_RAMBAK[0..2]
B_RAMCTL[0..13]
B_DDR3_DQ[0..15]
B_DDR3_DQ[16..31]
SPIPORT[0..3]
GP124
EMMC_REST
PCM_D[0..7]
PCMCTL[0..9]
GP13&14
LSADC6
SDA
SCL
I2S_OUT[0..3]
GPIO69
LVDS_O[0..12]
LVDS_E[0..12]
VDD-C
VDD-DDR
VDD-ADC
+3.3V
33VSTB
1V15
DDR_1V5
2V5
3V3
3V3STB
RAMADR[0..14] DDR3
RAMBAK[0..2]
RAMCTL[0..13]
RAMDA[0..15]
1.5V
GND
DDR_1V5
U601 NT5CB256M8BN
U602
RAMDA[16..31]
RAMCTL[0..13]
RAMBAK[0..2]
RAMADR[0..14] DDR3
U604 NT5CB256M8BN
U603
SPIPORT[0..3]
3.3V_STB
GND
WP
SPI
3V3STB
U801 EN25F16
RESET
e-MMC
EMMCDA[0..7]
EMMCCTL[0..9]
3V3
GND
EMMC_3V3
U802 THGBM3G4D1FBAIG
2GByte
SPIPORT[0..3]
3.3V_STB
GND
E2_WP
SPI
3V3
U803
TAS 5707
OUT_L+
OUT_L-
OUT_R+
OUT_R-
RESET#
SDA
SCL
I2S[0..3]
PDN#
GND
+3.3V
24V
3V3
MUTE#
24V
GND
MUTE CIRCUIT
24V
PANEL_ON
LVDSPW_ON
PANEL_VCC
+12V
12V
MOS SWITCH
PANEL

RT95机芯原理框图

2）识别主要集成电路与主板接口

试写出如图 4-33 所示的 RT95 机芯主板中主要集成电路的名称、作用及主板的输入/输出接口。

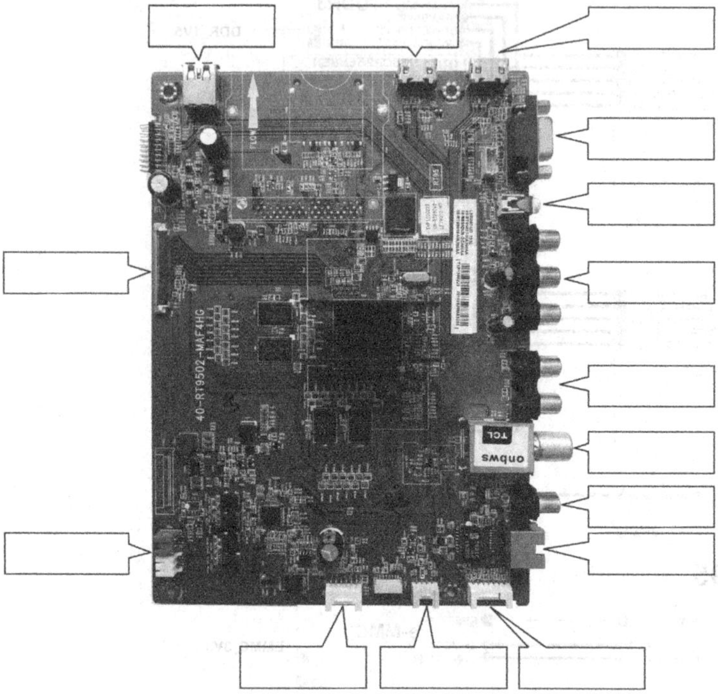

图 4-33 RT95 机芯主板

3）SoC 芯片及其外围电路的关键点信号波形和工作电压的测试

（1）测量关键点信号的波形。

调整信号发生器，使其输出彩条信号。根据 RT95 机芯主板输入/输出接口功能找出对应输入/输出接口并测量其信号（如视频信号、色度信号、Y 信号、R 视频信号、Cr 色差信号、G 视频信号、Cb 色差信号、B 视频信号、解码片输出数字视频信号、解码芯片时钟信号、I^2C 总线时钟信号、I^2C 总线数据信号等）的波形，拍照或通过其他方式记录波形。

（2）测量 SoC 芯片外围电路的工作电压。

根据 SoC 芯片外围电路的输入/输出接口功能测量其工作电压，并记录电压数值。RT95 机芯主板电源逻辑关系如图 4-34 所示。

4）故障检修

（1）检测视频解码器输入的数字视频信号。用示波器在 SoC 芯片输入端进行检测，若无波形，则检测输入接口电路；若有波形，则检测 SoC 芯片输出的数字视频信号。

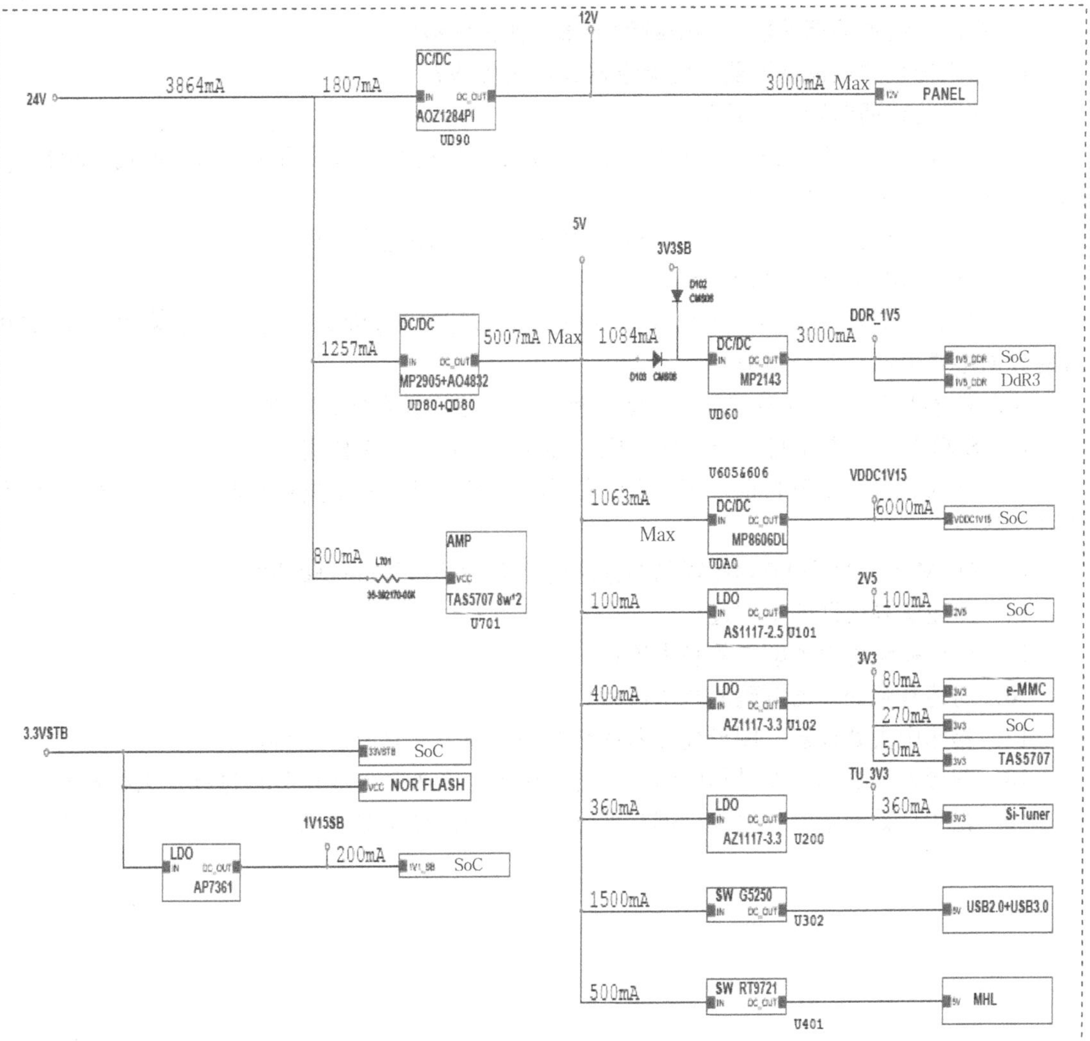

图 4-34　RT95 机芯主板电源逻辑关系

（2）检测 SoC 芯片输出的数字视频信号。若供电电压和输入信号正常，而输出信号不正常，则可能是 SoC 芯片本身损坏。在确定 SoC 芯片是否损坏之前，需要检测 SoC 芯片的工作条件是否正常。

（3）检测 SoC 芯片的工作条件。测量视频解码器电源电压、复位电路、时钟信号，并与标准值、标准波形进行比较，若不正常则检查 SoC 芯片外围电路。

练习与思考 4

1．简述调谐器的组成及各组成部分的作用。

2．一次变频调谐器与二次变频调谐器在结构方面有什么区别？在性能方面，二次变频调谐器有什么特点？

3．相比普通中频调谐器，零中频调谐器有什么优势？

4．相比传统的铁盒调谐器，硅调谐器有什么优势？

5．常用的硅调谐器有哪几类？

6．Wi-Fi 采用哪个频段的无线电波通信？802.11b 标准通常采用什么调制模式？802.11g 标准通常采用什么调制模式？

7．Wi-Fi 信道频谱宽度是多少？相邻 Wi-Fi 信道的间隔为多少？

8．简述 Wi-Fi 的 OFDM 调制解调原理。

9．IPTV 往往采用实时传输协议，音频流、视频流可分别编码为独立的 RTP 流，RTP 流的数据格式由哪几部分组成？

10．音/视频解码芯片通常划分为哪三种？SoC 芯片具有什么特点？

11．SoC 芯片主要由哪几个模块组成？各模块分别有什么作用？

12．查找资料，了解目前 SoC 芯片采用的是哪种架构的中央处理器，该中央处理器具有什么特点？

13．QAM 解调器和 DTMB 解码器分别对什么射频信号进行解调？

14．简述解复用器的工作过程。

15．简述视频处理器解码的基本流程。

16．简述音频处理器解码的基本流程。

17．相比中央处理器，图形处理器在结构与功能方面具有什么特点？

18．图形处理器的工作过程中的几何处理进行什么处理？光栅处理进行什么处理？

19．视频后处理电路一般包括哪几部分？各部分的作用是什么？

第5章 智能电视操作系统

要求

掌握智能电视操作系统的组成。

知识点

- 智能电视操作系统的组成。
- 智能电视操作系统各架构层的作用和工作过程。

重点和难点

- 智能电视操作系统的各架构层的作用和工作过程。

智能电视的正常运行需要 SoC 芯片+操作系统+应用软件。GY/T 303.1—2016《智能电视操作系统 第 1 部分 功能与架构》规定了智能电视操作系统的功能及架构的相关技术要求，智能电视操作系统的研发、生产、测试和应用应遵循这些技术要求。

5.1 智能电视操作系统架构

智能电视操作系统由 REE（富执行环境）部分和 TEE（可信执行环境）部分组成。REE 分主要由内核层、硬件抽象层（HAL）、组件层、执行环境层、应用框架层、应用层组成，各功能层由多个软件模块以松耦合方式构成。TEE 部分由安全操作系统、TEE 硬件抽象层和 TApp 构成。智能电视操作系统架构如图 5-1 所示。

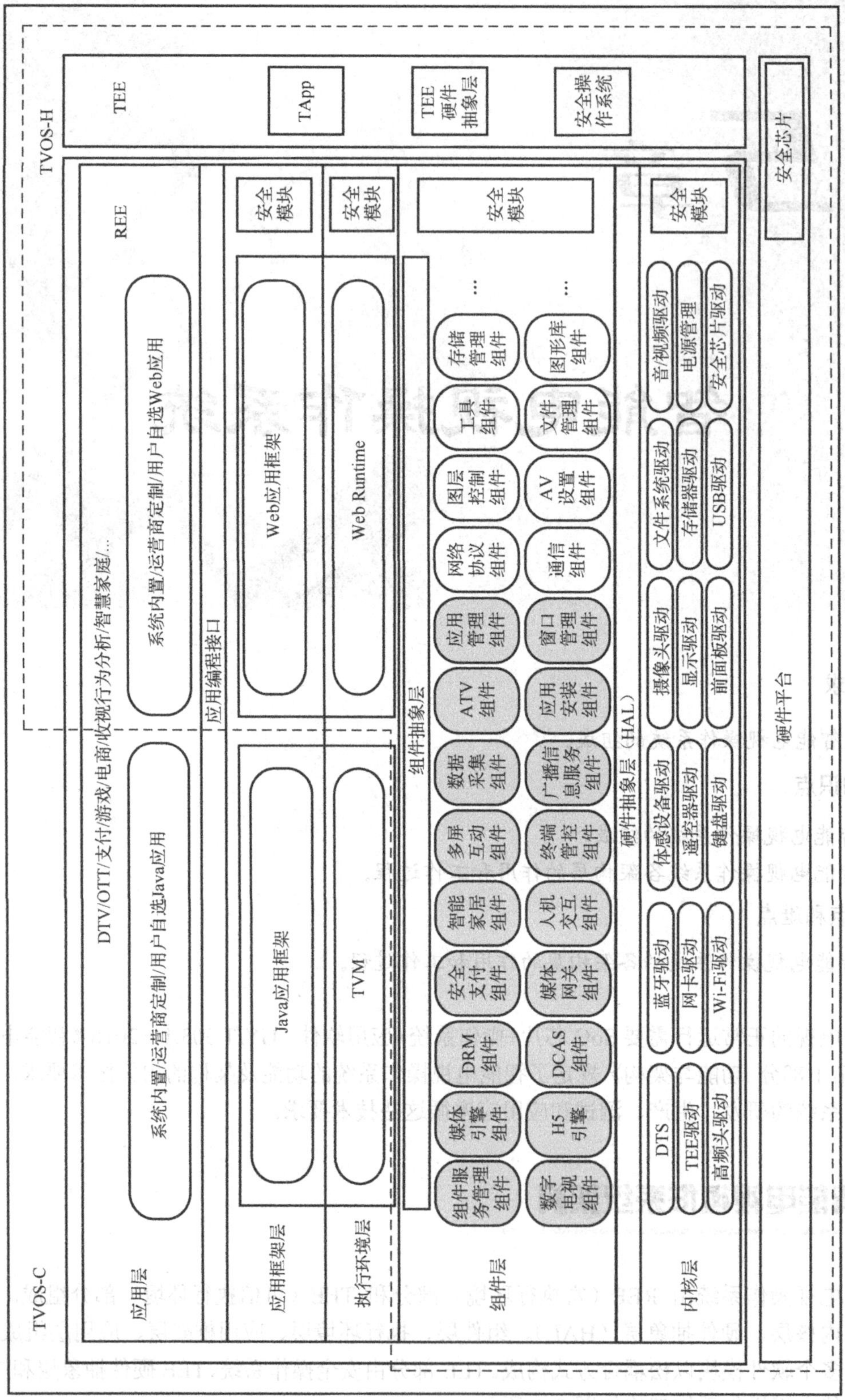

图5-1 智能电视操作系统架构

5.2　内核层

内核层包括 Linux 内核、DTS 模块和硬件驱动模块三大部分。

Linux 内核用于实现进程调度、内存管理、虚拟文件系统、网络协议栈、I/O 管理、进程间通读和安全保护等基础操作系统功能，与安全芯片协同支撑还可实现基于硬件安全信任根的安全信任链校验机制。

DTS 模块基于 DTS 机制实现 Linux 内核与硬件驱动的解耦。

硬件驱动模块包括各类通用硬件驱动、数字电视相关硬件驱动和安全相关硬件驱动等，用于支撑内核层各类硬件设备的通信、访问和管理。

5.3　硬件抽象层

硬件抽象层由多个硬件抽象功能接口模块组成。不同的硬件抽象功能接口模块实现对不同硬件的能力及操控的抽象封装，并为上层软件提供调用相应硬件能力的接口。

各硬件抽象功能接口模块采用 Stub 硬件抽象模型，Stub 硬件抽象模型如图 5-2 所示。

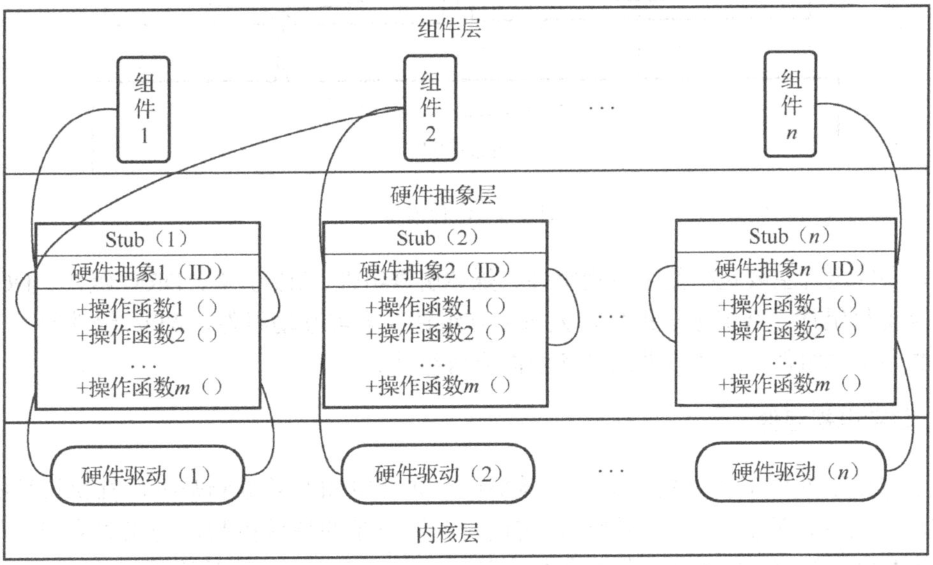

图 5-2　Stub 硬件抽象模型

Stub 硬件抽象模型以 Stub 操作函数的形式将一个硬件模块和若干硬件设备，以及对它们的操作方法封装在一起，并利用将硬件 ID 与 Stub 操作函数指针对应的方式，为上层软件提供调用相应硬件能力的接口，从而实现对相关硬件能力的操作和控制。

5.4 组件层

1. 组件模型

组件模型如图 5-3 所示。组件层由服务端和客户端组成。服务端和客户端运行在不同的进程空间，使用 Binder 机制实现跨进程通信。服务端负责实现相应组件功能并通过硬件抽象层调用内核层软件模块和硬件平台的硬件。服务端主要包括服务实现和服务 Stub 等软件模块。服务端是系统常驻的运行实例，一个服务端运行实例可以服务多个不同的客户端运行实例。客户端主要包括客户端实现、服务 Proxy 和客户端 API 等软件模块。

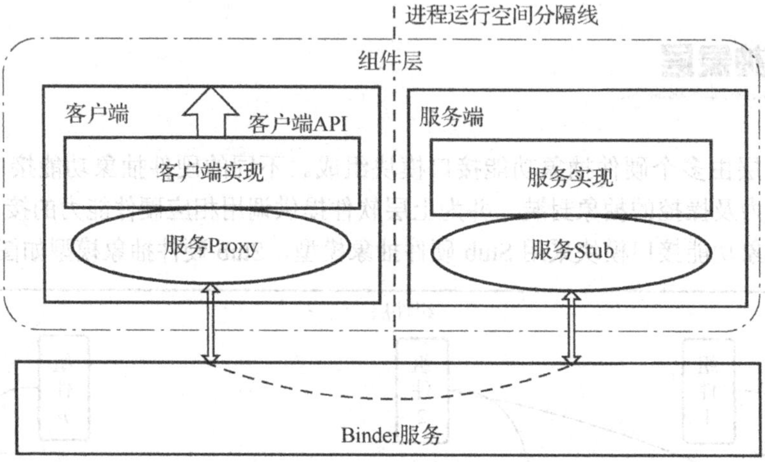

图 5-3 组件模型

组件层的组件主要包括数字电视组件、媒体引擎组件、H5 引擎、DRM 组件、DCAS 组件、安全支付组件、智能家居组件、人机交互组件、多屏互动组件、ATV 组件等。下面主要介绍数字电视组件、媒体引擎组件和智能家居组件。

2. 数字电视组件

数字电视组件用于各类数字电视广播协议（如 PSI/SI）数据和数据广播协议数据的搜索、过滤、获取、解析、存储和管理，实现对解调设备的解调控制，为相关应用提供功能接口，为数字电视直播等相关应用提供接口和相应能力支撑；与媒体引擎组件、DCAS 组件和 DRM 组件等协同，可以支撑相关应用，实现电视直播、节目导视、视频点播、节目录制和时移、数据广播、频道预览等功能。

数字电视组件调用方式如图 5-4 所示。

数字电视组件服务端主要由 TUNER、DataEngine、SCAN、DB、EPG 和 DT 等模块组成，如图 5-5 所示。

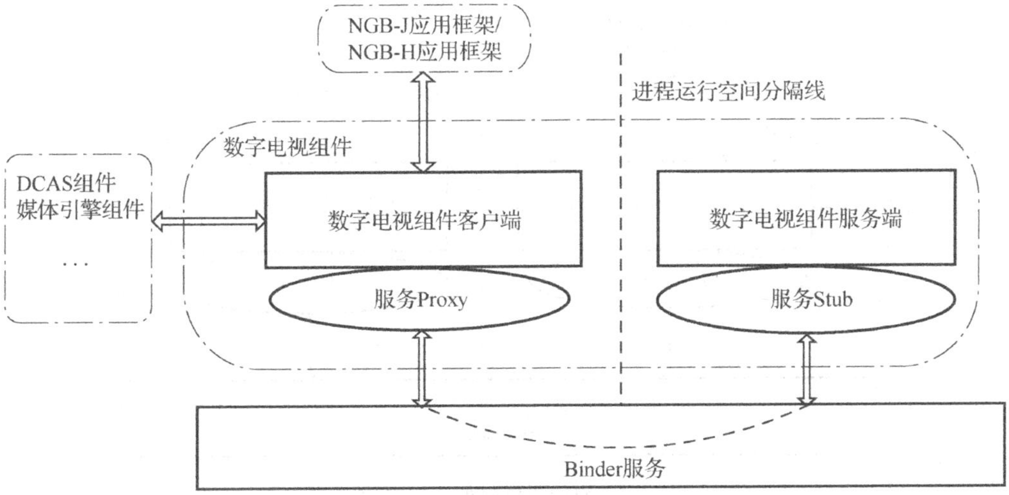

图 5-4 数字电视组件调用方式

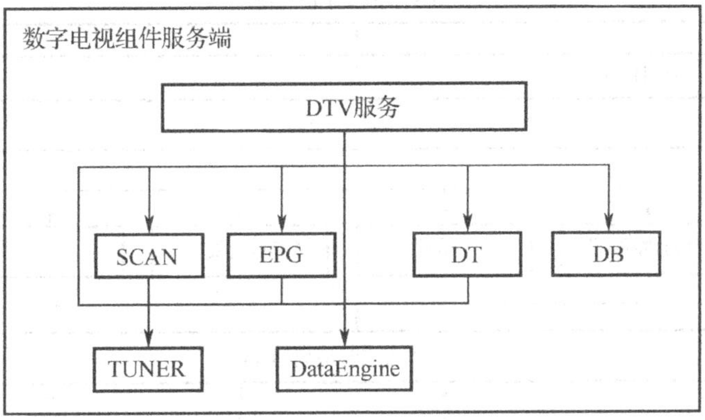

图 5-5 数字电视组件服务端架构

3. 媒体引擎组件

媒体引擎组件实现对各类媒体音/视频格式和协议的解析，与硬件平台的硬件协同实现各类媒体音/视频的播放、录制、转发。例如，数字电视直播和点播、互联网电视、IPTV、游戏和本地媒体文件等相关格式音/视频的解码和播放。

媒体引擎组件的调用方式如图 5-6 所示。

媒体引擎组件服务端采用基于插件式的管道流水线全媒体处理架构。媒体引擎组件服务端包括播放器管理器、各类媒体播放器（如 DVB 播放器、VOD 播放器、OTT 播放器、Local 播放器等）、媒体播放管道管理器、各类媒体播放器管道（如 DVB 播放器管道、VOD 播放器管道、OTT 播放器管道、Local 播放器管道等）。媒体引擎组件架构如图 5-7 所示。

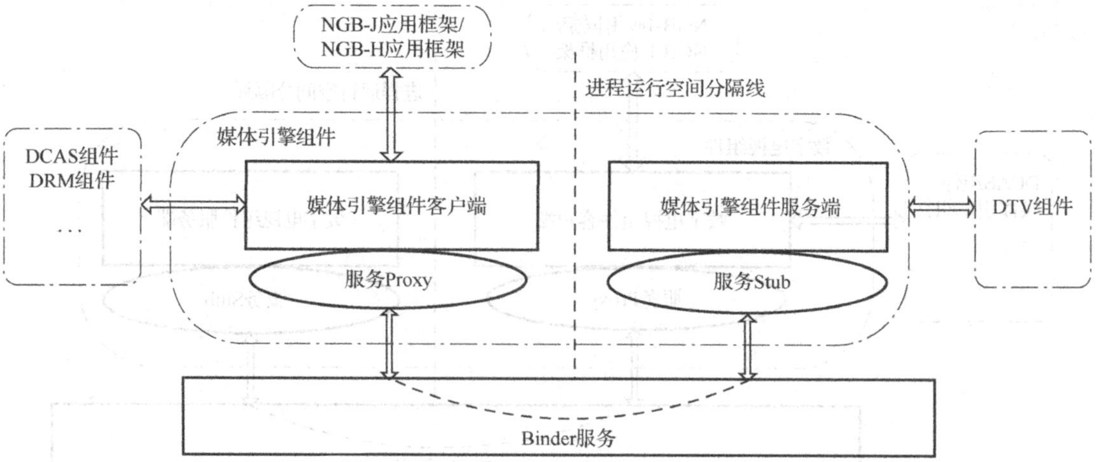

图 5-6　媒体引擎组件的调用方式

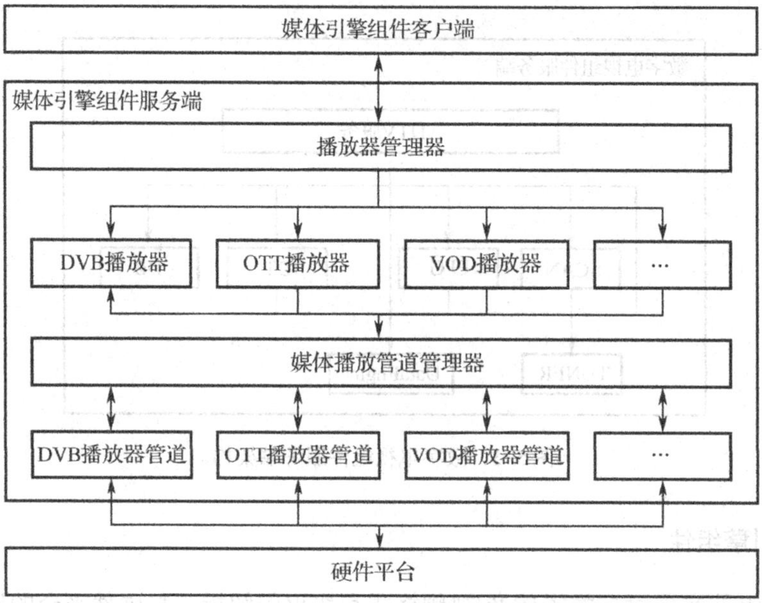

图 5-7　媒体引擎组件架构

4. 智能家居组件

智能家居组件实现对智能家居设备的发现、连接建立和操控的管理。例如，智能家居组件提供对第三方智能家居互联协议的转换和适配接口，支持对第三方智能家居互联协议的扩展，进而实现对相应智能家居设备的管理，以及对智能家居设备 Wi-Fi 网络参数的配置。

智能家居组件的调用方式如图 5-8 所示。

智能家居组件由设备配置模块、智能家居管理模块、协议转换适配模块组成，如图 5-9 所示。

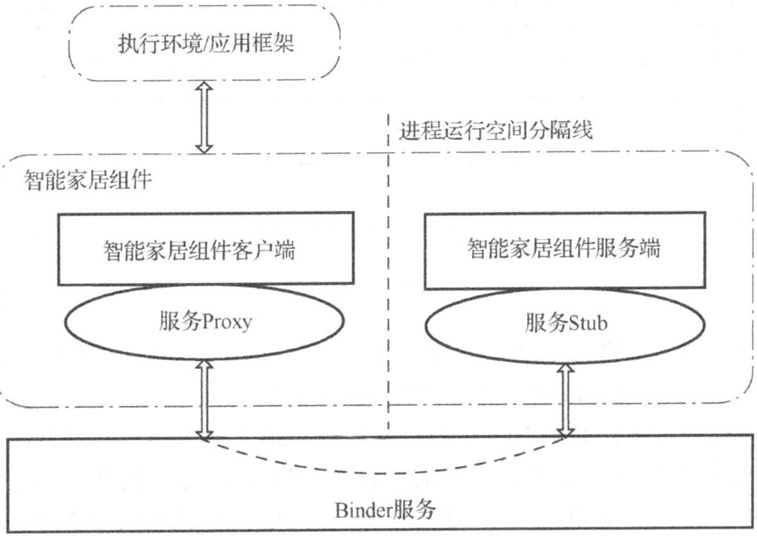

图 5-8　智能家居组件的调用方式

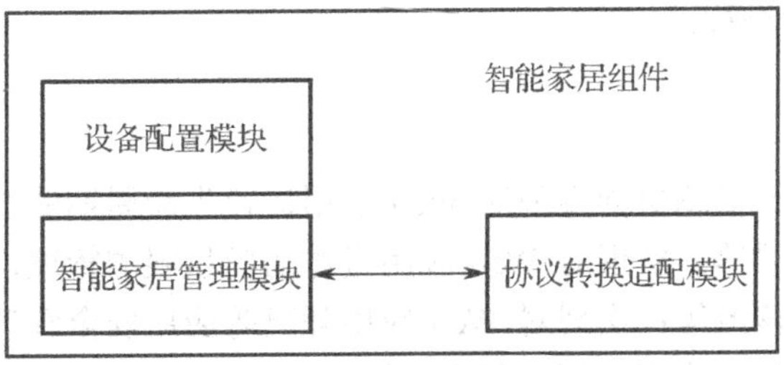

图 5-9　智能家居组件结构

5.5　执行环境层

执行环境层提供应用软件和应用适配软件的解释执行环境，支撑 Java 应用和 Web 应用的加载和运行。Java 应用的执行环境为 TVM，Web 应用的执行环境为 Web Runtime。

1. TVM

TVM 为 Java 应用及其所调用应用框架层的相关功能接口实例提供解释和运行环境，支撑 Java 应用的加载和运行。TVM 通过一个 Java 应用对应一个 Java 虚拟机实例的方式实现对 Java 应用进程的隔离，并与应用管理组件协同实现对 Java 应用的启动、暂停、恢复、重启等的管理，以及对 Java 应用资源访问权限的管理。TVM 支持基于 Java 虚拟机和 Dalvik 虚拟机的 Java 应用。

TVM 由应用模型转换器、字节码转换器、Java ME 支持模块和 Java 虚拟机等组成。TVM 架构如图 5-10 所示。

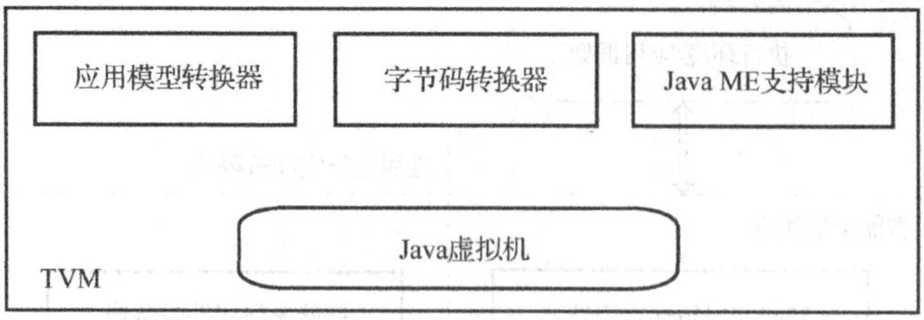

图 5-10　TVM 架构

应用模型转换器负责将 Java ME Xlet/MIDlet 应用模型自动转换为 Android 应用模型，并将.jar 形态和.jad 形态的 Java 应用包转换为.apk 形态的 Java 应用包。

字节码转换器负责将标准的 Java 字节码转换为 Dalvik 字节码，以供 Java 虚拟机使用。

Java ME 支持模块负责提供基于 JSR 规范的相关运行环境配置等功能，为 Java ME Xlet/MIDlet 应用的运行提供支撑，支持的规范包括 CDC1.1.1、FP1.1.2、PBP1.1.2 和 MIDP2.0。

Java 虚拟机负责支持 Dalvik 可执行格式的 Java 应用的运行，可以利用单独的虚拟机实例支持相应的 Java 应用进程。

2. Web Runtime

Web Runtime 与 H5 引擎协同实现对 Web 应用运行生命周期的管理，包括 Web 应用的加载、启动、挂起和销毁等；实现对 Web 应用资源访问权限的管理，包括 Web 应用的权限检查、权限申请、权限修改等；实现对 Web 应用隔离等应用安全管理；实现 Web 应用策略管理，包括应用资源分配、应用进程驻留方式等。

5.6　应用框架层

应用框架层实现 Java 应用和 Web 应用与功能组件模块的接口封装适配。Java 应用框架包括 NGB-J 功能接口单元和兼容其他 Java 应用的接口单元，Web 应用框架包括 NGB-H 功能接口和 HTML 5 功能接口。

练习与思考 5

1. 智能电视操作系统由哪几部分组成？
2. 智能电视操作系统的内核层由哪几部分组成？
3. 简述智能电视操作系统的硬件平台的组成架构。
4. 简述智能电视操作系统的组件层的组件模型。
5. 简述智能电视操作系统的执行环境层的构成。

第6章 智能电视交互技术

要求

熟悉智能电视常用交互技术的基本原理。

知识点

- 语音识别的基本流程。
- 手势识别技术、人脸识别技术及体感互动技术。

重点和难点

- 语音识别技术、人脸识别技术。

通过人机交互界面（通常指用户可见的部分）进行的信息交换与操作过程称为人机交互。除了传统电视的交互技术，智能电视的主要交互技术还有语音识别、手势识别、人脸识别及体感互动等。

6.1 语音识别技术

语音识别技术：通过识别和理解将语音信号转变为相应的文本或命令的技术。语音识别可由智能电视或具有语音模块的第三方设备实现。

利用具有语音模块的第三方设备进行语音识别的实现方式有如下两种。

（1）第三方设备语音模块发送设备发现指令→接收到设备发现指令的智能电视向发起方反馈相关信息→第三方设备与智能电视建立连接→第三方设备语音模块采集语音→第三方设备

向智能电视发送语音→智能电视本地识别语音内容（也可将语音发送到云服务器进行识别，云服务器完成识别后将结果返回智能电视）→智能电视执行接收到的语音命令→智能电视响应执行结果→智能电视根据需要将执行结果反馈给发起方，如图 6-1 所示。

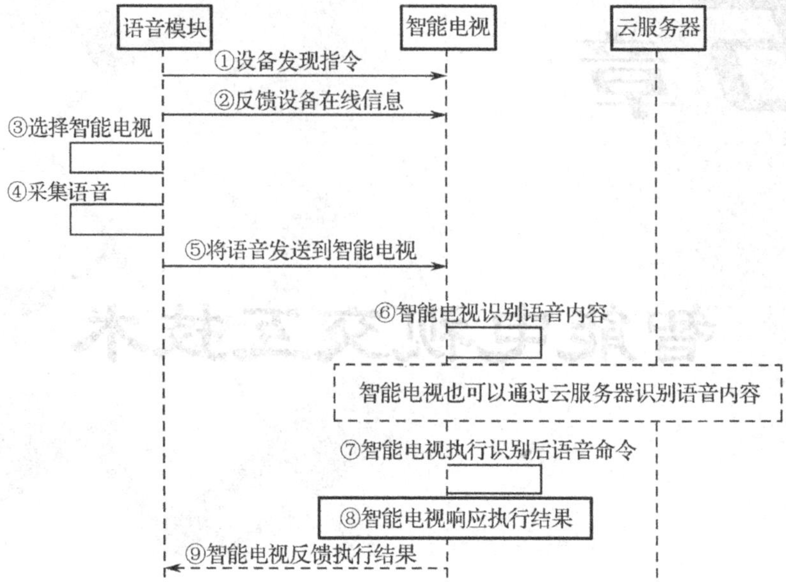

图 6-1　利用第一种方式进行语音识别的流程

（2）第三方设备语音模块发送设备发现指令→接收到设备发现指令的智能电视向发起方反馈相关信息→第三方设备与智能电视建立连接→第三方设备语音模块采集语音→第三方设备本地识别语音内容（也可将语音发送到云服务器进行识别，云服务器完成识别后将结果返回第三方设备）→第三方设备向智能电视发送识别后的语音→智能电视执行接收到的语音命令→智能电视响应执行结果→智能电视根据需要将执行结果反馈给发起方，如图 6-2 所示。

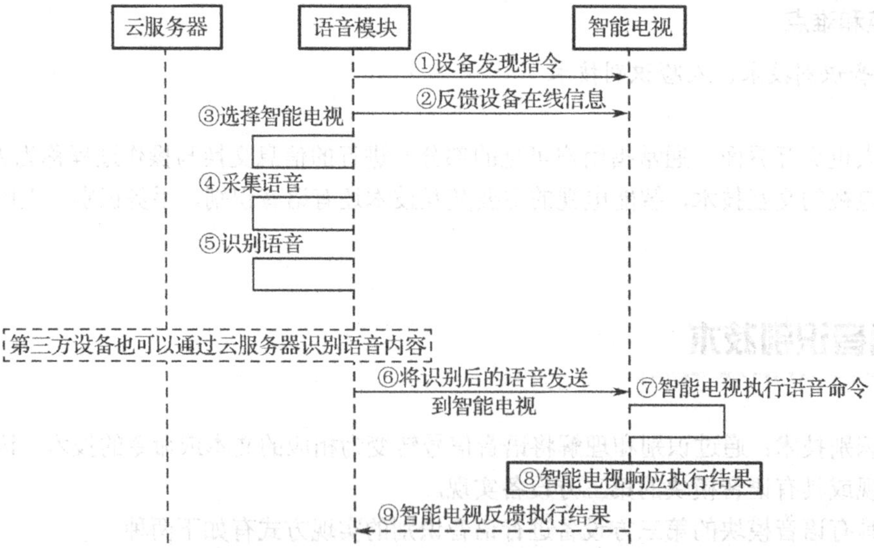

图 6-2　利用第二种方式进行语音识别的流程

6.2　手势识别技术

手势识别技术：利用数学算法分析外部摄像头捕获的来自人的手部的运动，结合当前软件环境，判断用户意图，并实现对应操作的技术。

基于视觉的手势识别通常分为 3 个步骤：首先，输入图像经手势分割而分离，定位获得动态手势；然后，根据需求选择手势模型进行手势分析，并根据手势模型提取手势参数；最后，根据手势参数选择合适的算法进行手势识别。手势识别流程如图 6-3 所示。

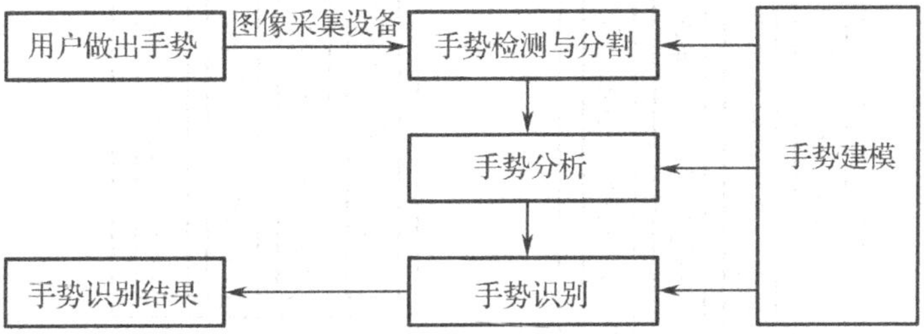

图 6-3　手势识别流程

1. 手势检测与分割

手势检测的主要目的是检测当前图像中的手势及其具体位置。手势分割的主要目的是将手势与背景分离。常见的手势检测与分割方法主要有基于运动信息的检测与分割、基于徒手表观特征的检测与分割及多模式信息的检测与分割。基于运动信息的检测与分割仅适用于运动手势与背景的分离，要求图像中的主运动分量必须为手势运动。基于徒手表观特征的检测与分割（表观特征是指手的肤色、纹理、指尖、手形和手的轮廓等）不受手势形状变化的影响，但受外界环境的干扰较大（如在不同的光照条件下，肤色变化较大，当光源位置角度或亮度发生改变时，误检出伪肤色的概率显著增加）。多模式信息的检测与分割是一种为克服复杂环境下单一手势分割方法的局限而采用多线索融合技术的分割方法。

2. 手势建模

手势建模的目的是让电视能够识别用户的绝大多数手势。目前，主要通过手势的外在形态进行建模。手势建模的方法大致可分为两类：基于表观的手势建模和基于三维模型的手势建模。基于表观的手势建模是利用手势在图像序列中的表观特征为手势建模的，常见的表观手势模型有灰度图、可变形二维模板、图像特征属性及图像运动参数。常见的三维手势模型有纹理模型、网络模型、几何模型及骨架模型。其中，使用最多的三维手势模型是骨架模型，其参数包括经过简化的关节角度和指节长度。手势建模方法的分类如图 6-4 所示。

3. 手势分析

手势分析的主要目的是根据选择的手势模型来估算参数。手势分析包括特征检测和参数估计两部分。在特征检测的过程中，必须先定位用户。根据所用线索的不同，定位技术可分为基于颜色的定位技术、基于运动的定位技术、基于模式的定位技术 3 种。参数估计可分为基于表观手势模型的参数估计和基于三维手势模型的参数估计。

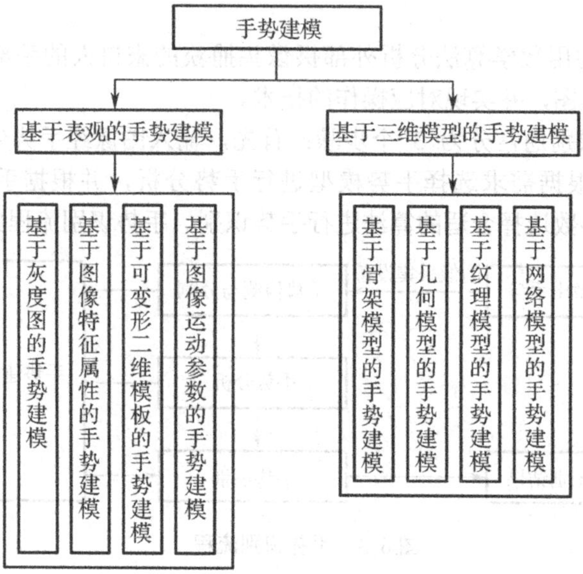

图 6-4　手势建模方法的分类

4. 手势识别

手势识别实现对分割后的手势图像进行特征值提取和手势模型参数估计，并将参数空间中的点或轨迹分类至该空间中某个子集。手势识别分为静态手势识别和动态手势识别。手势识别的核心思想是将输入目标数据与保存的手势模板进行匹配。手势模板是通过对大量手势样本的学习得到的。

6.3　人脸识别技术

人脸识别（又称脸部识别、面相识别、面容识别等）技术是一种生物特征识别技术，是利用摄像头等外部设备获取人脸特征信息进行身份鉴别。人脸识别技术在智能电视中的应用主要包括如下 3 方面。

（1）利用人脸识别技术识别用户的脸部表情，根据用户的脸部表情推测用户当前的心理状态，根据用户的心理状态调整电视的图像模式和声音模式，打造新的健康互动平台，为用户提供全新体验。

（2）降低电视功耗。利用人脸监测技术监测电视在无人观看时处于工作状态的时间，降低电视的无效工作时间。

（3）身份识别。对采集的人脸图像进行人脸识别，得到人脸特征，并生成面纹编码存储起来，将实时采集的面纹编码和标准数据库存储的面纹编码进行对比，如果实时采集的人脸图像和标准数据库中的人脸图像的相似度大于设定的阈值，就认为此人就是标准数据库中的人，反之则不是。

目前常见的人脸识别技术可分为基于几何特征的人脸识别技术、基于子空间分析的人脸识别技术、基于弹性图匹配的人脸识别技术和基于隐马尔可夫模型的人脸识别技术等。

1. 基于几何特征的人脸识别技术

基于几何特征的人脸识别技术的基本原理：利用人脸的一些特征点（如眼、鼻、嘴等）的相对位置和相对距离，同时辅以人脸轮廓信息。基于几何特征的人脸识别技术的识别准确率完全依赖于几何特征的提取，而几何特征的提取对光照、表情、姿态等的变化非常敏感，所以该技术的稳定性不高、识别率较低。

2. 基于子空间分析的人脸识别[1]技术

人脸多种多样，十分复杂，而且人脸的维数很高，直接显式地表述人脸特征非常困难。但正面人脸图像具有对称性，局部像素之间又具有很强的相关性，这说明人脸图像的像素之间具有很强的冗余性。利用映射将高维人脸空间中的点投影到另外一个低维空间中，这个低维空间称为子空间。数据在子空间中的分布更加紧凑，子空间为数据更好地描述提供了手段，也大大降低了数据计算的复杂度。

3. 基于弹性图匹配的人脸识别[2]技术

基于弹性图匹配的人脸识别技术的基本原理：首先寻找与输入图像最相似的模拟图，然后对模拟图中的每个节点的位置进行最佳匹配，从而产生一个变形图，该变形图的节点位置逼近模型图的对应点的位置。基于弹性图匹配的人脸识别技术能够容忍一定姿态、表情和光照的变化。

4. 基于隐马尔可夫模型的人脸识别技术

基于隐马尔可夫模型的人脸识别技术的基本原理：将人脸图像分割成不同的区域，并将每个区域看作人脸图像的一种状态，其他变化人脸图像都是这些不同状态之间互相转移形成的。不同的人脸可用不同的模型来表示，每个人都有与其对应的模型。

6.4　体感互动技术

在人际交往中，多达 93%的信息是通过非语言方式传递的（其中又以肢体语言为主）。动作识别是人机交互的一种重要形式，能够识别动作的技术一般称为人体动作感应技术，简称体感互动技术。体感互动技术是一种通过捕捉并识别人体动作、表情进行交互的技术，主要用于体感互动游戏、健康锻炼、购物辅助或病人的康复治疗。

① 刘青山，卢汉清，马颂德. 综述人脸识别中的子空间方法[J]. 自动化学报，2003（06）：900-911.

② 俞燕，李正明. 基于特征的弹性图匹配人脸识别算法改进[J]. 计算机工程，2011，37（05）：216-218.

体感互动技术使用深度相机捕捉人体立体图像。立体图像的获取途径主要有 3 种：多角成像（Multi-Camera）、结构光（Structure Light）、飞行时间（Time of Flight，TOF）。

多角成像利用两个或两个以上的摄像机来计算物体深度，通常用双镜头摄像机采集立体图像。多角成像通常包含摄像机标定、图像获取、特征提取、立体匹配、三维恢复等步骤。摄像机标定的目的是确定左右摄像机图像平面的坐标 al（ul，vl）、ar（ur，vr）与三维场景空间坐标 A（x，y，z）之间的映射关系。图像获取通常利用双镜头摄像机采集两幅数字图像。特征提取的作用是获取被拍摄物体的图像特征。立体匹配根据图像特征及标定的坐标映射关系，建立被拍摄物体的表面所有像素点的空间坐标。三维恢复根据空间坐标恢复立体图像。多角成像的实现难点是需要针对不同的图像准确提取各图像的特征。

利用结构光采集立体图像的原理：投影仪投射特定的光信号到物体表面及其背面，由摄像头采集物体反射的光信号，根据光信号的变化来计算物体的位置和深度等信息，进而复原整个三维空间。在利用双目测距时，图像识别完全取决于被拍摄物体本身的特征点。在利用结构光测距时，对投射光源进行了编码（或特征化），拍摄的是被编码的光源投影的物体。由于结构光主动提供了很多特征点进行匹配或直接提供码字，而不需要使用被拍摄物体本身具有的特征点，因此可以实现更好的匹配结果。

利用飞行时间采集立体图像的基本原理：摄像机连续向被观测物体发射光脉冲（一般为不可见光）并接收物体反射的光脉冲，通过探测光脉冲的飞行（往返）时间计算被观测物体与摄像机的距离。利用飞行时间采集立体图像示意图，如图 6-5 所示。

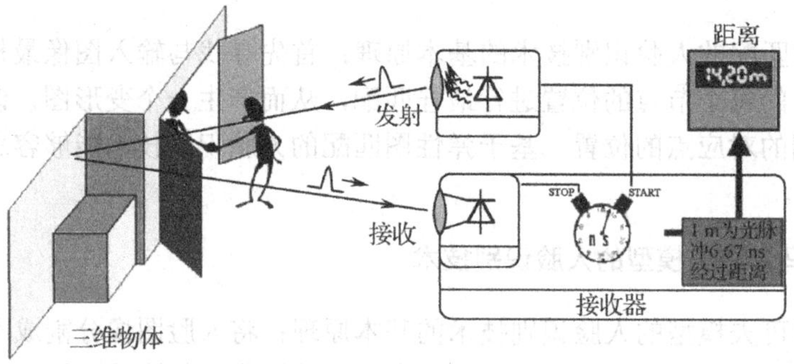

图 6-5　利用飞行时间采集立体图像示意图

根据调制方法的不同，飞行时间的调制方式一般可以分为两种：脉冲调制（Pulse Modulation）和连续波调制（Continuous Wave Modulation）。

脉冲调制如图 6-6 所示。脉冲调制直接根据脉冲发射和脉冲接收的时间差来测算距离。

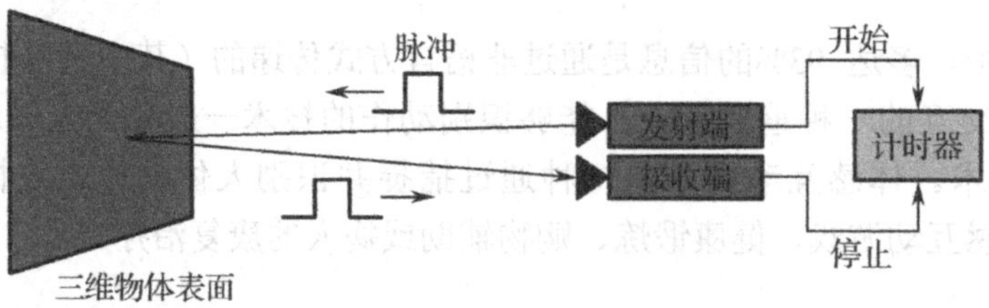

图 6-6　脉冲调制

脉冲调制使用的照射光源一般采用方波脉冲调制，这样用数字电路实现相对容易。接收端的每个像素点都是由一个感光单元（如光电二极管）组成的，该单元可以将入射光转换为电信号，进而形成立体图像。

连续波调制（见图 6-7）通常采用连续正弦波调制。由于接收端和发射端的正弦波的相位偏移与物体和摄像头的距离成正比，因此可以利用相位偏移来测量距离，从而形成立体图像。

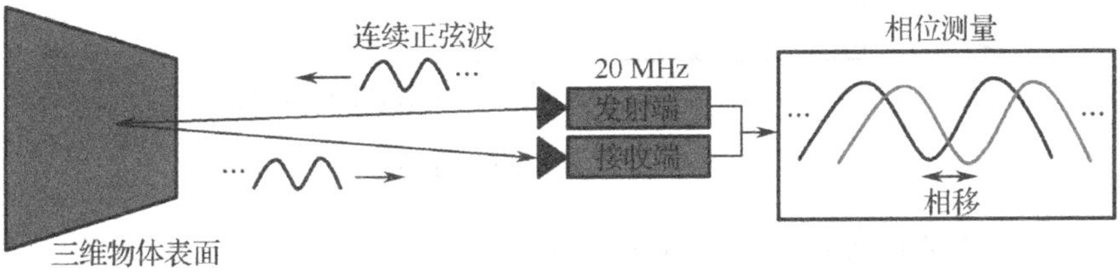

图 6-7　连续波调制

肢体识别不仅要识别人手的动作，还要识别人全身的运动。实现肢体识别的关键技术是骨骼追踪，该技术用于建立人的骨骼模型。摄像头拍摄到实时图像后，将图像信息和三维空间数据进行整合，整合后的数据被送进可以辨别人体部位的学习系统中，该系统根据肢体动作给出某个特定的指令信息，实现人与电视的互动。

实训 10　智能电视的网络配置

1. 任务要求

掌握智能电视的网络的连接与设置方法。

2. 实训器材

智能电视 1 台、开通的网络接口、路由器。

3. 搭建家庭局域网

（1）进行有线网络的连接，如图 6-8 所示。

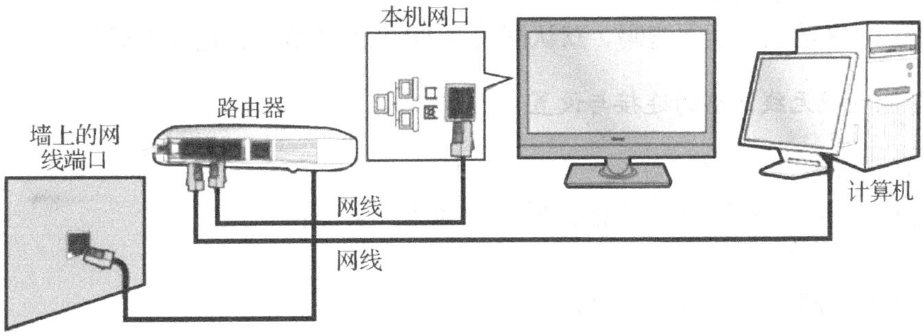

图 6-8　有线网络的连接

（2）进行无线网络的连接，如图 6-9 所示。

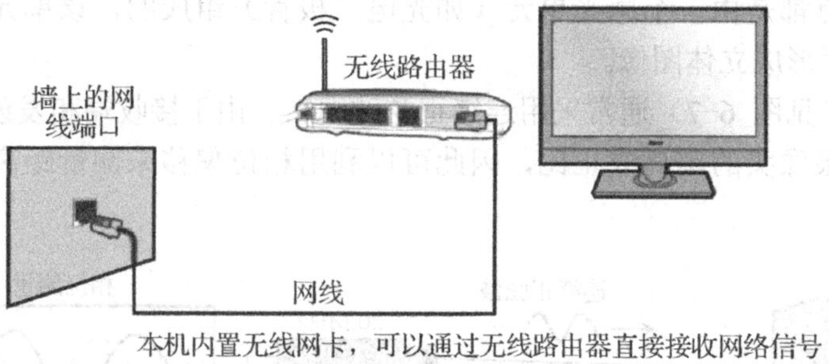

图 6-9　无线网络的连接

（3）进行其他网络的连接，如图 6-10 所示。

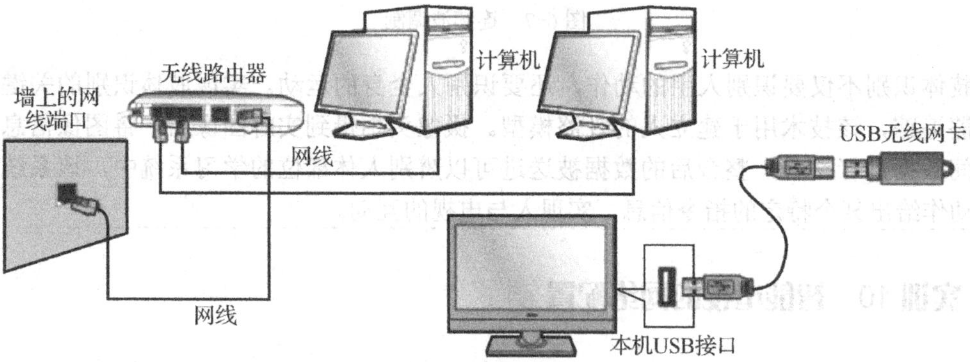

图 6-10　其他网络的连接

4. 网络设置

1）智能电视有线网络的连接与设置

（1）打开智能电视首页；
（2）进入“首页\应用中心\系统设置\网络设置”界面；
（3）选择“有线”设置；
（4）输入 IP 地址、子网掩码、默认网关及 DNS 服务器，按遥控器确认键。

2）智能电视无线网络的连接与设置

（1）打开智能电视首页；
（2）进入“首页\应用中心\系统设置\网络设置”界面；
（3）选择“无线”设置；
（4）打开“Wi-Fi”，扫描无线网络；
（5）选择所用的无线网络，按遥控器确认键。

3）智能电视无线热点网络的连接与设置

（1）打开智能电视首页；
（2）进入“首页\应用中心\系统设置\网络设置”界面；
（3）选择“无线热点”设置；
（4）打开“无线热点”，输入运营商的网络标识、加密类型及密码，按遥控器确认键。

4）智能电视 PPPoE 的连接与设置

（1）打开智能电视首页；
（2）进入“首页\应用中心\系统设置\网络设置”界面；
（3）选择“PPPoE”设置；
（4）输入用户名、密码，按遥控器确认键拨号连接。

5. TCL 智能电视语音识别及图像识别

（1）打开智能电视首页，找到使用指南。
（2）根据使用指南进行语音识别及图像识别。

练习与思考 6

1. 与传统电视的人机交互相比，智能电视的人机交互具有什么特点？
2. 简述利用具有语音模块的第三方设备实现语音识别的基本流程。
3. 简述手势识别的基本流程。
4. 目前常见的人脸识别技术有哪几种？
5. 在使用体感互动技术时，获取立体图像的途径有几种？

第 7 章 伴音电路

要求

掌握数字音频数据格式及功率放大电路的工作原理。

知识点

- 智能电视数字音频传输协议。
- D 类功率放大器的工作原理。

重点和难点

- 数字音频传输协议。
- D 类功率放大电路的工作原理。

7.1 智能电视数字音频传输协议

I^{2}S 是飞利浦公司针对数字音频设备（如播放器、数码音效处理器、数字电视音响）之间的音频数据传输而制定的一种总线协议。I^{2}S 既规定了硬件接口规范，也规定了数字音频数据格式。

7.1.1 I^{2}S 总线及 I^{2}S 信号

I^{2}S 总线包括 4 种物理导线：用于传输串行数据的 SD 导线；用于为数据提供位时钟的 SCK 导线；用于为切换左右声道数据帧提供帧同步信号的 WS 导线；用于为系统提高同步高频时钟

的 MCLK 导线。由于 I^2S 总线具有独立的时钟信号，且其提供的主时钟为接收芯片提供了接收时序，整个传输系统采用了单一时钟，所以 I^2S 总线传输速率快、时差极小。

典型 I^2S 信号时序图如图 7-1 所示。I^2S 总线中主要包括如下 3 种信号。

（1）SCK（串行时钟，也称位时钟）：对应数字音频的每一位数据，SCK 都有 1 个脉冲。SCK 频率=2×采样频率×采样位数。

（2）WS（帧同步时钟）：用于切换左右声道的数据。WS 为“1”表示正在传输的是左声道的数据，WS 为“0”表示正在传输的是右声道的数据。WS 频率等于采样频率。WS 常用的频率有 32 kHz、44.1 kHz、48 kHz、96 kHz、1922 kHz 等。

（3）SD（串行数据）：用二进制补码表示的音频数据。

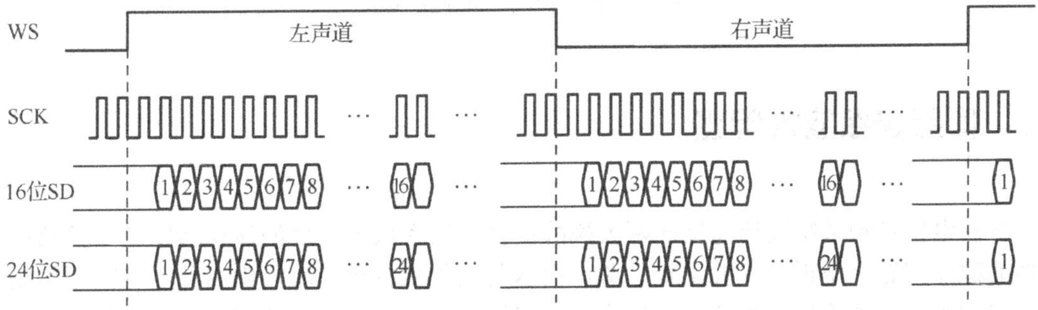

图 7-1　典型 I^2S 信号时序图

有时为了使系统之间能够更好地同步，还需要另外传输一个信号 MCLK（主时钟，也称系统时钟或高频时钟），该信号频率是采样频率的 256 倍或 384 倍。

无论 I^2S 信号有多少位有效数据，数据的最高位总是出现在 WS 变化（一帧开始）后的第 2 个脉冲处（也就是说，数据相对帧同步延迟一拍）。由此可见，最高位数据是有固定位置的，而最低位数据的位置则依赖于数据的有效位数，这就使得接收端与发送端的有效位数可以不同。如果接收端所需的有效位数少于发送端的有效位数，就可以放弃数据帧中多余的低位数据；如果接收端能处理的有效位数多于发送端的有效位数，就可以自行补足剩余的位。这种同步机制使得数字音频设备的互联更加方便，同时又不会造成数据错位。尽管对 I^2S 信号来说，数据长度可以不同，但为了保证数字音频信号的正确传输，发送端和接收端应该采用相同的数据格式和数据长度。

7.1.2　I^2S 总线的应用模式

在数据传输过程中，发送端（Transmitter）和接收端（Receiver）具有相同的时钟信号。当发送端作为主导装置（Master）时，由发送端产生位时钟信号、命令声道选择信号和数据；当接收端作为主导装置时，由接收端产生位时钟信号、命令声道选择信号。在复杂系统中，可能有几个发送端和接收端，此时识别发送端就比较困难。在这样的系统中，可以设置一个控制器（Controller）作为系统的主导装置，以识别多种数字音频信号的数据流，此时发送端作为从属装置（Slaver）在外部时钟的控制下发送数据。系统的主导装置也可以与发送端或接收端相结合，在软件或引脚编程的控制下被激活或不被激活。I^2S 总线的三种应用模式如图 7-2 所示。

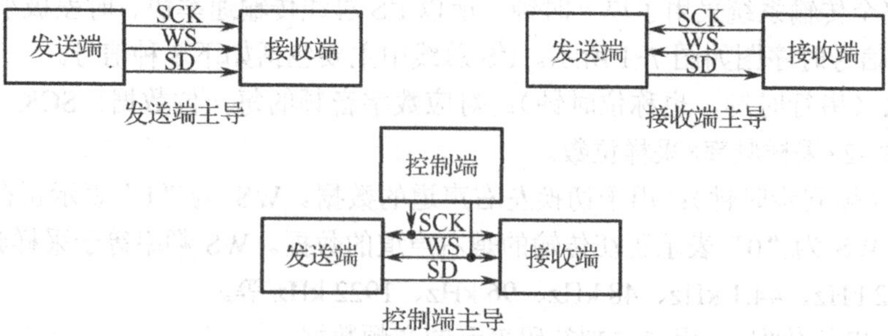

图 7-2　I²S 总线的三种应用模式

7.2　伴音功率放大电路

平板电视音频系统设计面临的两大挑战：伴音功率放大模块的体积问题和音频功率放大器的散热问题。平板电视要求轻、薄，而这与大体积音响模块提供高品质音响效果相矛盾。我们不能寻求平板电视体积的让步，只能通过合理的电路设计解决问题。使用高级的数字音频处理器和产生热量较低的 D 类功率放大器是有效的解决方案。

7.2.1　D 类功率放大器

D 类功率放大器（Class-D）属于高频功率放大器，其工作原理为：将音频信号调制（脉宽调制）成高频脉冲信号，输出级晶体管工作在开关状态，通过低通滤波器提取音频信号，推动扬声器还原声音，如图 7-3 所示。处于开关状态的输出级晶体管在不导通时具有零电流，在导通时具有很低的管压降。输出级晶体管具有功耗低、效率高、成本低、产生的热量少等优点，因而得到了广泛应用。追求轻、薄结构的平板电视目前大多采用 D 类功率放大器。

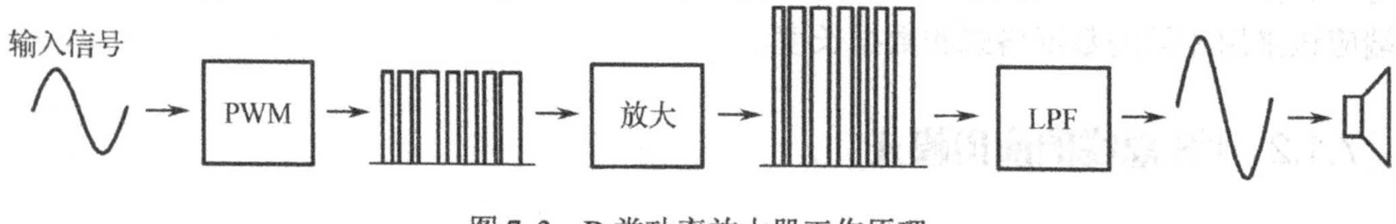

图 7-3　D 类功率放大器工作原理

1. D 类功率放大器调制原理

脉宽调制（PWM，Pulse Width Modulation）技术是 D 类功率放大器采用最多的调制技术，其矩形波的占空比与音频信号的振幅成正比，通过将矩形波与高频三角波或锯齿波比较，可以很容易地将模拟输入信号转换为脉宽调制波（见图 7-4）。脉宽调制波被放大后经低通滤波可以产生平滑的模拟输出信号。

2. D 类功率放大器输出级

D 类功率放大器输出级为 4 个 MOSFET 开关管桥接电路（因为输出级不需要使用大容量的隔直电容器就能单电源操作）。H 形桥接输出级如图 7-5 所示。FET1、FET4（或 FET3、FET2）同时导通或截止，使接在桥路中的负载（扬声器）得到交变的电压和电流。桥路导通阻抗除包括扬声器阻抗外，还包括 NMOS 和 PMOS 器件的“通”电阻、电源的内电阻、滤波电感器的串联电阻和 PCB 迹线电阻，当这些器件的内电阻和迹线电阻很小时才能保证 D 类功率放大器高效输出。

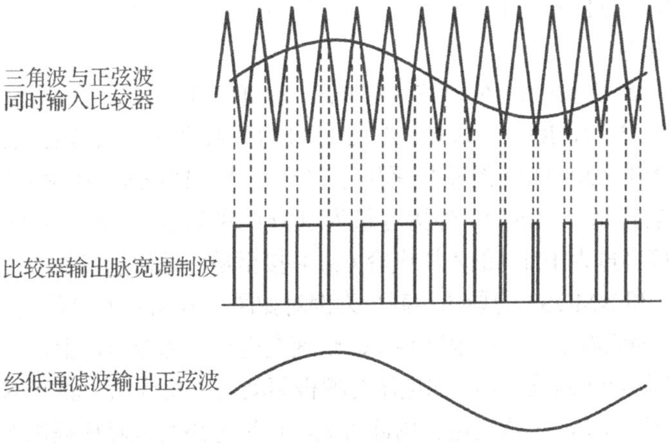

图 7-4　脉宽调制波

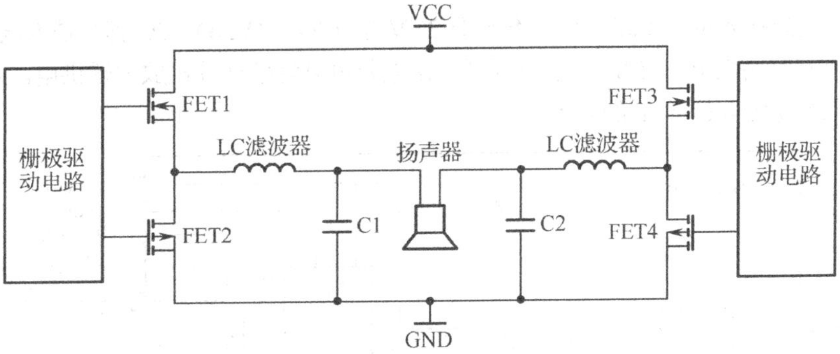

图 7-5　H 形桥接输出级

7.2.2　TPA3004D2

GC32 机芯的伴音功率放大器采用 TI 公司的 TPA3004D2，该芯片是一种功率为 12 W 的立体声 D 类音频功率放大器。输出级晶体管工作在开关状态，TPA3004D2 的立体声扬声器输出驱动器为工作在开关状态的桥式电路，该电路工作效率高、功耗低、不需要外加散热器。TPA3004D2 使用直流电压控制立体声扬声器的音量，控制范围为-40～36 dB。线输出信号可作为驱动外部耳机放大器的输入信号。TPA3004D2 使用直流电压控制外部耳机放大器的音量，控制范围为-56～20 dB。TPA3004D2 内部集成有 5 V 可调电源，可作为外部耳机放大器的工作电源。

TPA3004D2 的右声道电路结构框图如图 7-6 所示，其左声道电路的结构与右声道电路的结构完全相同。

音频输入信号被放大后传输至调制电路，用于调制频率为 250 kHz 的三角形载波，调制产生的载有音频信息的脉宽调制信号被送入驱动电路，用于控制由 4 个 NMOS 晶体管构成的 H 形桥接输出级。TPA3004D2 桥接负载两端的电压大小为 OUTP 与 OUTN 的差。4 个 NMOS 晶体管的开关状态与输出波形如图 7-7 所示。当图 7-7 中的 OUTP 的占空比大于 OUTN 的占空比时，OUTP-OUTN 为正极性；当 OUTP 的占空比小于 OUTN 的占空比时，OUTP-OUTN 为负极性。

H 形桥接输出级全部采用 NMOS 晶体管。为使 H 形桥的高电位桥臂（NMOS1、NMOS3）快速导通，当 NMOS1、NMOS3 在各自的导通期时，其栅极与源极之间需要保持高电平，因而 NMOS1、NMOS3 的栅极采用了自举电路。BSRN、BSRP 是右声道自举电路的引脚（左声道同右声道）。BSRN 外接容量为 10 nF 的陶瓷电容 C_{BS} 并接至桥路输出引脚 ROUTN，BSRP 外接容量为 10 nF 的陶瓷电容 C_{BS} 并接至桥路输出引脚 ROUTP。

下面以 NMOS1 和 NMOS2 的导通和截止为例对如图 7-6 所示的电路进行说明。在 NMOS2 导通期间，ROUTN 为低电平，自举电路将 C_{BS} 快速充电至电源电压，上正下负。当 NMOS1 导通时，ROUTN 出现脉冲上跳变，C_{BS} 的电压与栅极驱动电压相叠加，加至 NMOS1 的栅极，直至下一次 NMOS2 导通时 C_{BS} 再次充电。由此可见，自举电路可以轻松提供 NMOS1（NMOS3）导通期间栅极需要的高电平。为了确保 NMOS 晶体管的栅极与源极之间的电压不超过额定电压，TPA3004D2 内部设有两个针对栅极电压的钳位电路，但需要 VCLAMPL 和 VCLAMPR 两个引脚与地之间外接容量为 1 μF、耐压不低于 25 V 的电容。AVDD（29 脚）是为振荡器的预放大器、音量控制电路供电的 5 V 基准电压源，该电源也可为外部耳机放大器供电。AVDD 与地之间需要接入容量为 0.1～1 μF 的电容。

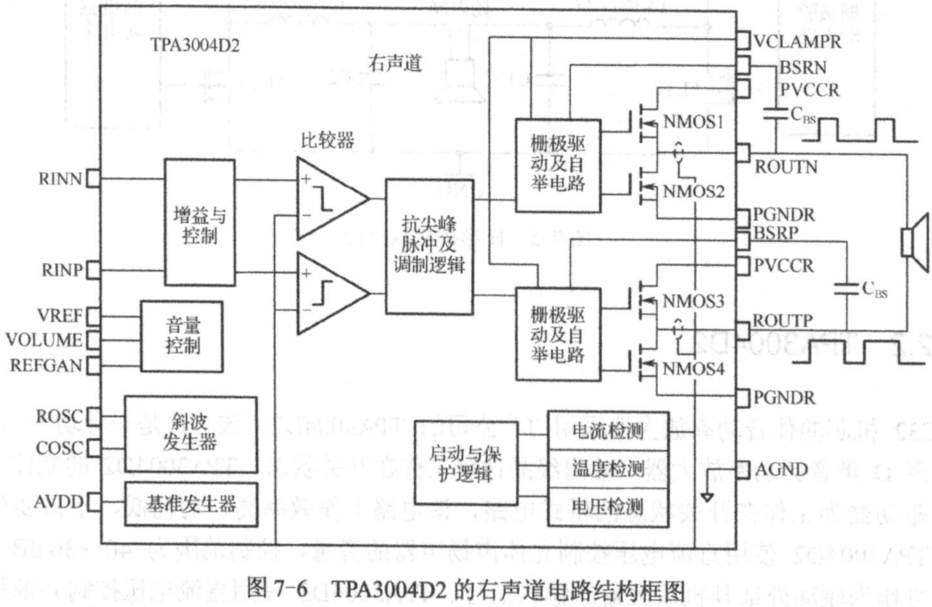

图 7-6 TPA3004D2 的右声道电路结构框图

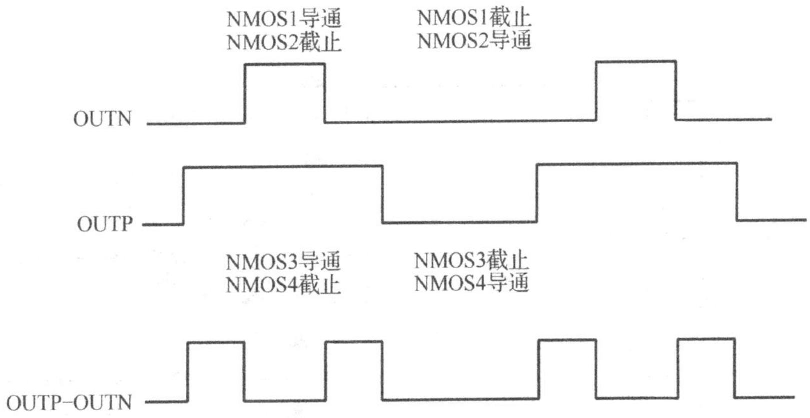

图 7-7 4 个 NMOS 晶体管的开关状态与输出波形

7.3 MS18 机芯伴音电路信号流程分析

MS18 机芯伴音电路如图 7-8 所示。输入多路、伴音信号经 BD3888 选择处理后输出一路伴音信号至伴音功率放大电路。左、右声道的伴音信号输入 TAA2008 的 2 脚、30 脚。TAA2008 是一种数字功率放大集成电路，采用数字功率处理（Digital Power Processing）技术，并采用 QFN 封装，具有工作效率高、设计简洁的优点。输入 TAA2008 的伴音信号由 15 脚、13 脚输出左声道音频信号至左扬声器进行功率放大，由 12 脚、10 脚输出右声道音频信号至右扬声器进行功率放大。TAA2008 供电脚的 11 脚、14 脚、17 脚的供电电压为 12 V，28 脚、23 脚的供电电压为 5 V。

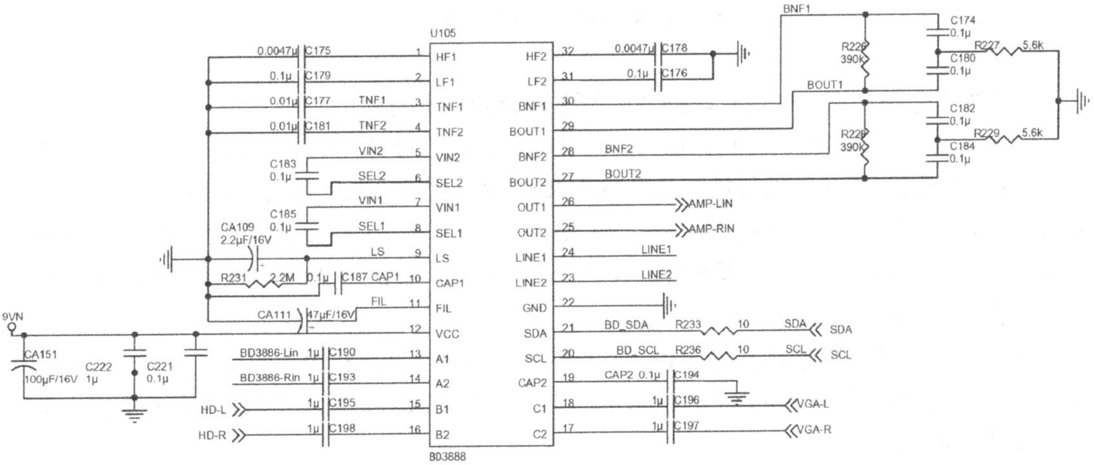

图 7-8 MS18 机芯伴音电路

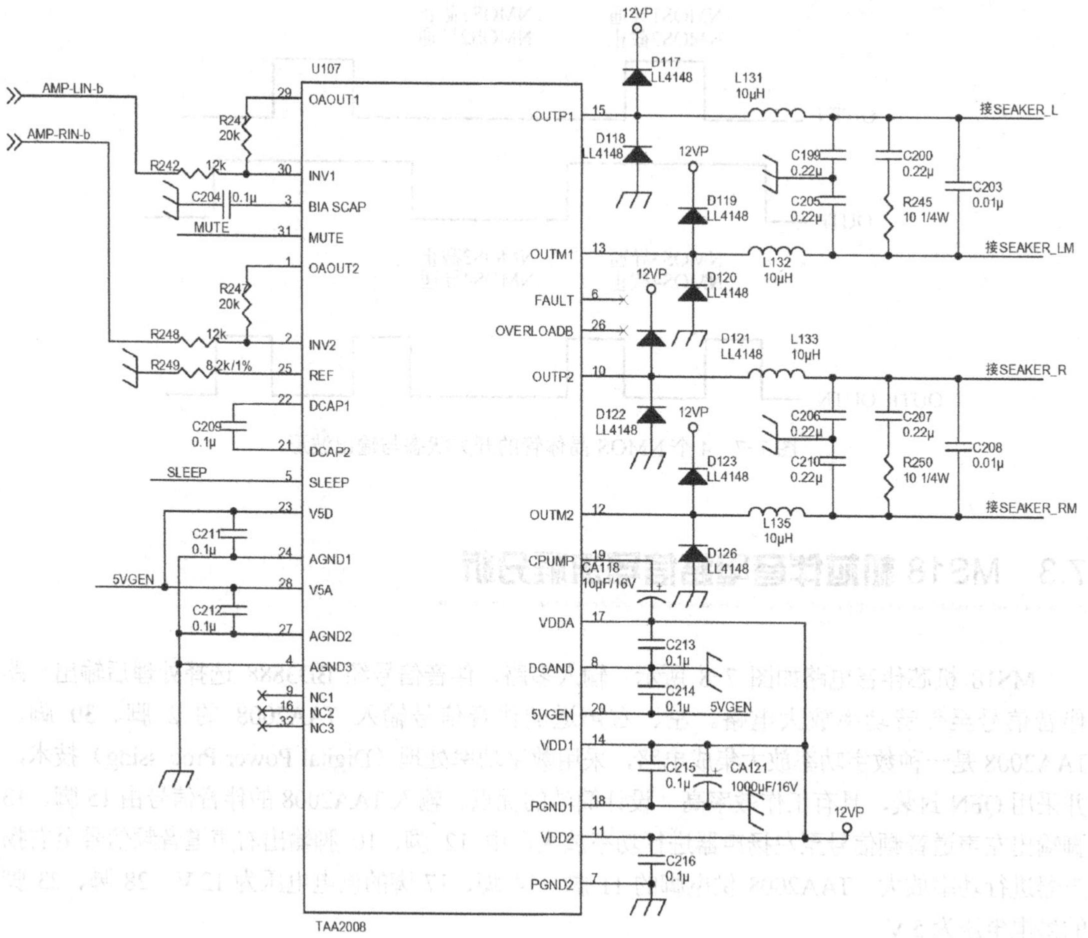

图 7-8　MS18 机芯伴音电路（续）

静音处理电路如图 7-9 所示。静音处理电路分为如下两种。

（1）高低电平静音控制电路：由 12 V 供电电路及三极管 Q114 组成。通电后，一路经 D124 输出电压至 Q114 的发射极，另一路经 R252 对电容 CA119 充电。此时，Q114 的基极为低电平，Q114 导通，TAA2008 的引脚 MUTE 为高电平，电路处于静音状态。当电容 CA119 充电饱和时，Q114 的基极为高电平，此时 Q114 截止，MUTE 为低电平，电路处于非静音状态，开始正常工作。

（2）软件静音控制电路。当 CPU 发出静音请求时，R262 输入的是高电平，Q116 导通，MUTE 为高电平，电路处于静音状态。当 R262 输入的是低电平时，Q116 截止，电路处于非静音状态。

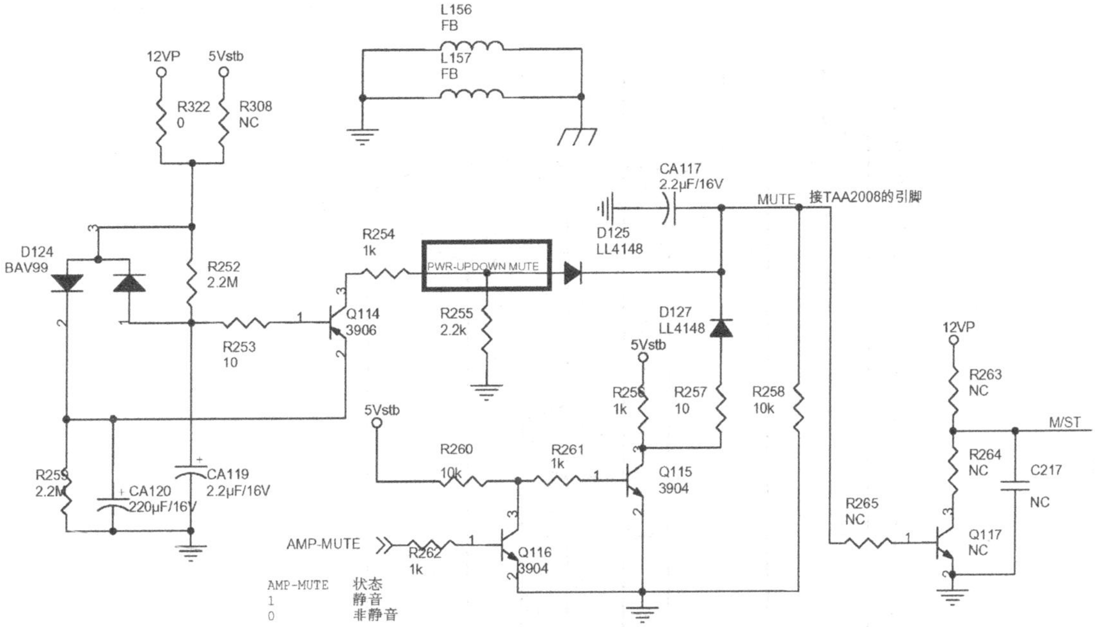

图 7-9　静音处理电路

实训 11　RT95 机芯伴音电路信号流程分析与测试

1）根据 RT95 机芯电路图及 TAS5707 数字功率放大器内部框图分析伴音电路信号流程

（1）根据 TAS5707 数字功率放大器内部框图（见图 7-10）分析其工作时序。TAS5707 时序图如图 7-11 所示。

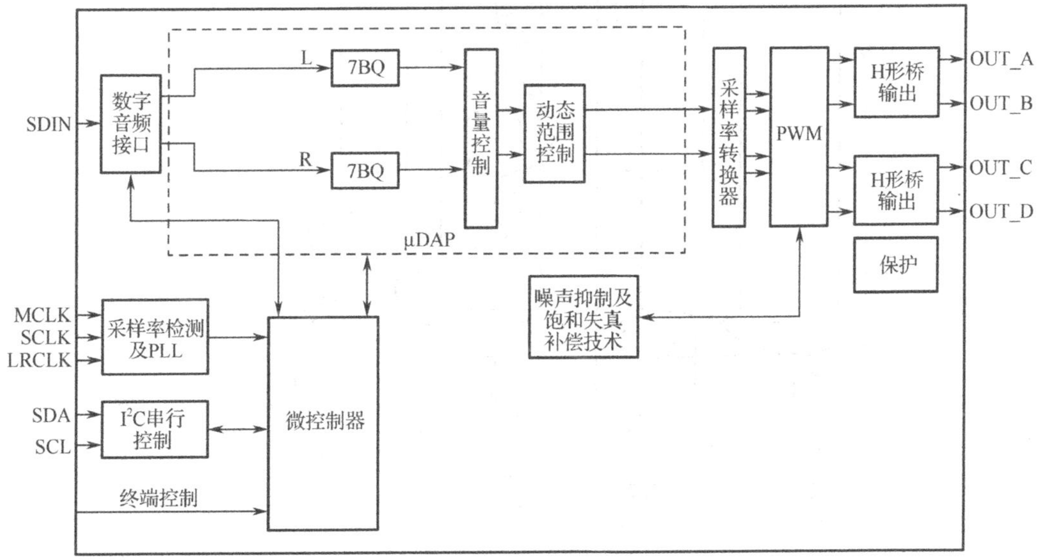

图 7-10　TAS5707 数字功率放大器内部框图

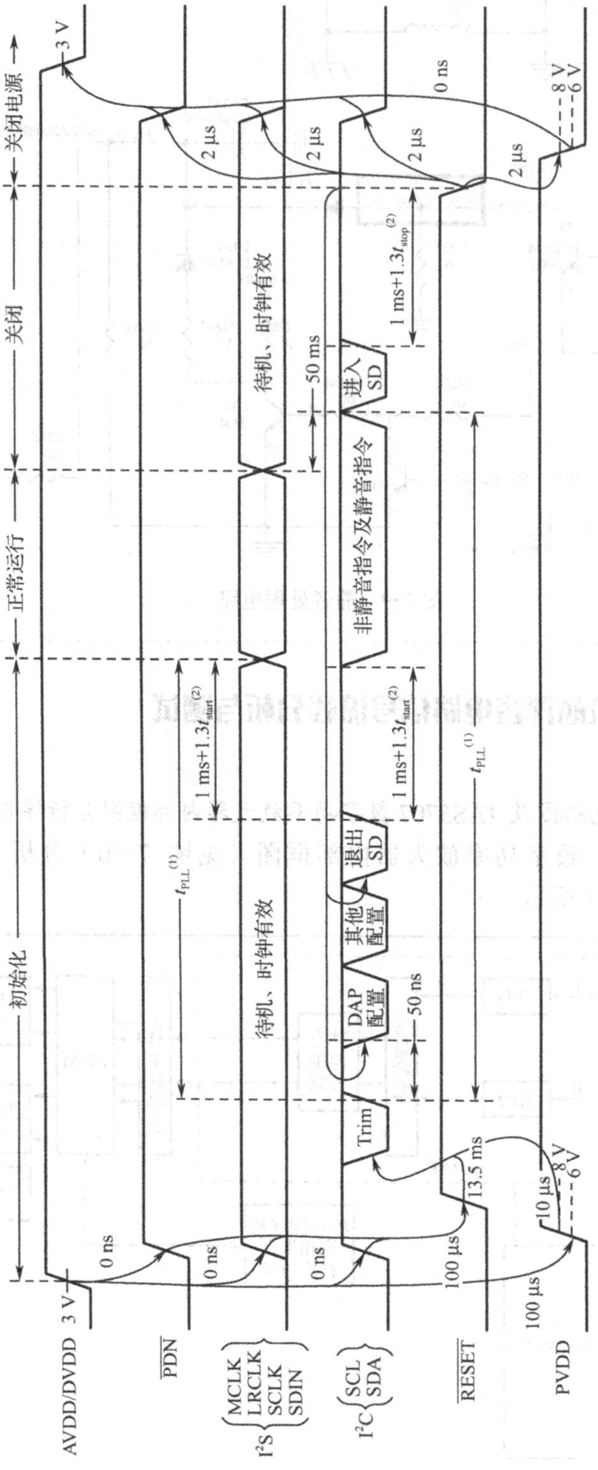

（1）：t_{PLL}必须大于240 ms+1.3t_{start}

（2）：t_{start}/t_{stop}=PWMstart/stop，由寄存器定义

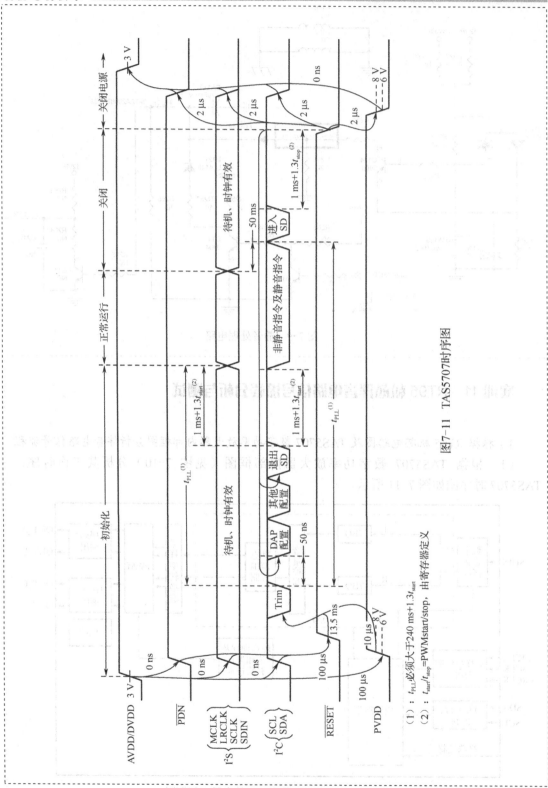

图7-11 TAS5707时序图

（2）根据 RT95 机芯伴音电路图（见图 7-12 和图 7-13）分析伴音电路信号流程。

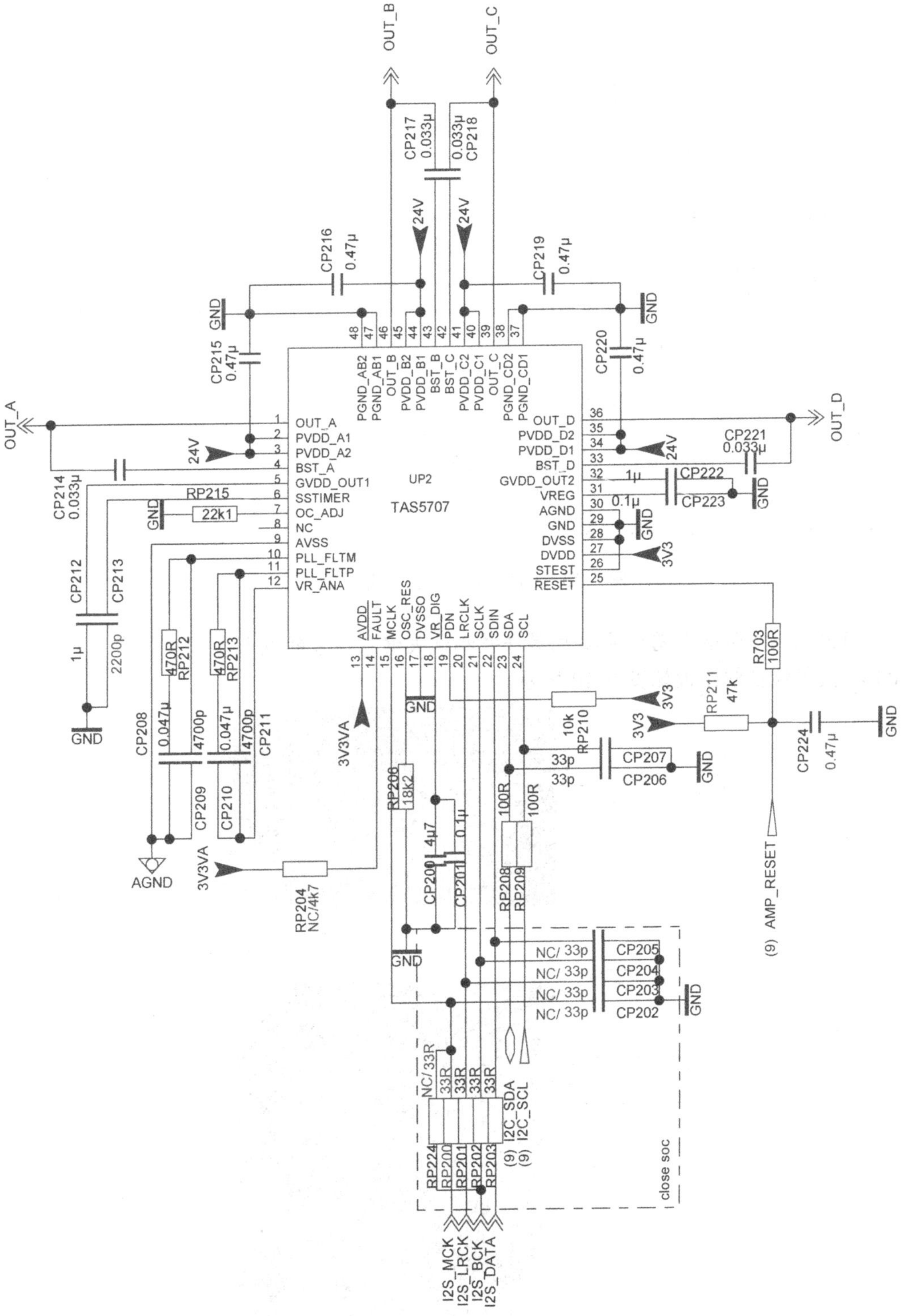

图7-12　RT95机芯伴音电路图1

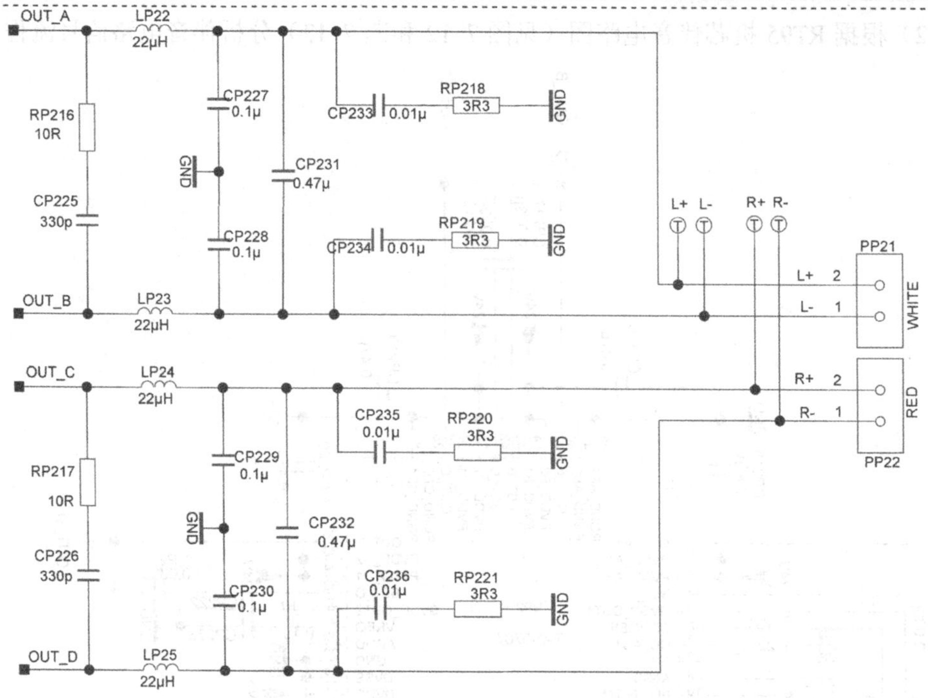

图 7-13　RT95 机芯伴音电路图 2

2）指出主板中伴音电路的主要元器件并测试关键点信号的波形

RT95 机芯伴音线路板如图 7-14 所示。

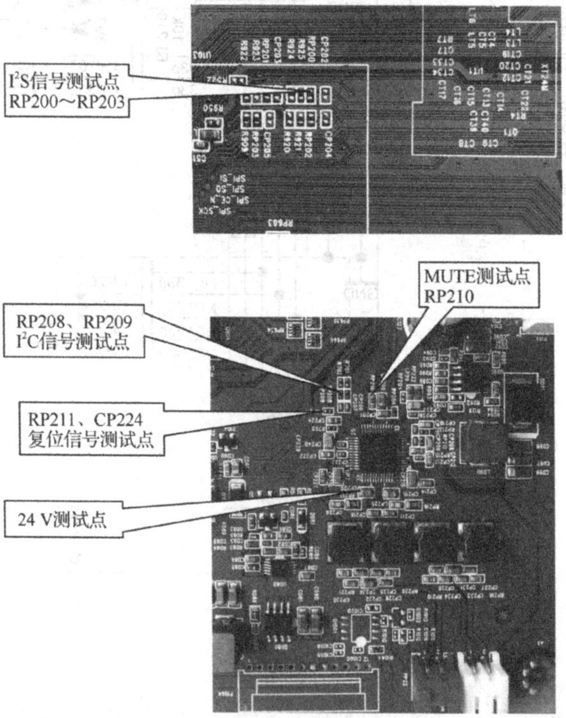

图 7-14　RT95 机芯伴音线路板

练习与思考 7

1．简述 I^2S 总线传输信号的数据格式。

2．D 类功率放大器具有什么特点？简述其工作原理。

3．根据如图 7-10 所示的静音处理电路，分析 MS18 机芯静音处理电路的工作原理。

4．查阅资料，分析音频切换集成电路 4052 的工作过程。

5．查阅资料，分析音效处理集成电路 BD3888-FS 的信号处理流程。

第8章

电源电路

要求

掌握开关电源的结构及检修方法。

知识点

- 有源功率因数校正电路组成及其工作原理。
- DC-DC 变换器结构及其工作过程。
- 开关电源的检修方法。

重点和难点

- 有源功率因数校正电路。
- DC-DC 变换器。
- 开关电源的测试与检修。

8.1 开关电源结构原理

液晶电视中的开关电源一般具有功率因数校正功能，该电源主要由进线滤波器、整流器、有源功率因数校正器和 DC-DC 变换器组成，如图 8-1 所示。

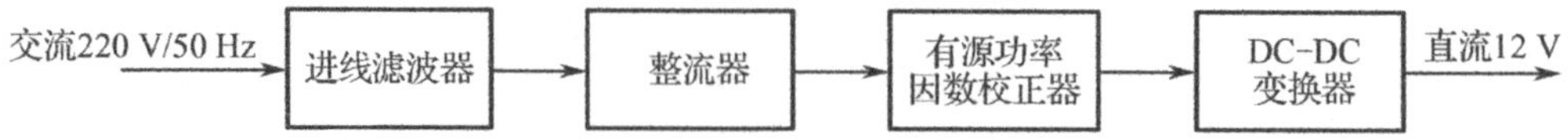

图 8-1　开关电源的组成框图

8.1.1　有源功率因数校正电路

虽然开关电源中的一般整流电容滤波电路输入的交流电压 V_i 是正弦波形，但输入的交流电流 i 的波形却严重畸变，呈脉冲状，如图 8-2 所示。这是因为开关电源中的 DC-DC 变换器在开关管导通时才会产生电流，而当开关管不导通时不产生电流。

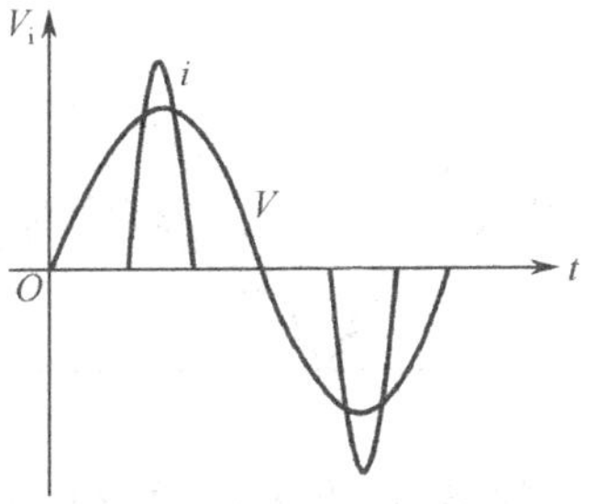

图 8-2　一般整流电容滤波电路输入的电压波形与电流波形

1. 谐波电流对电网的影响

脉冲状的输入电流含有大量谐波成分，对如图 8-2 所示的电流波形进行谐波频谱分析可知，其中三次谐波分量达 77.5%、五次谐波分量达 50.3%……总谐波电流分量（或称总谐波畸变，Total Harmonic Distortion，简称 THD）为 95.6%，输入端功率因数只有 0.6830。大量谐波电流流入电网会对电网造成谐波“污染”，使电网电压发生畸变，导致变电设备损坏，干扰其他用电设备的正常运行，成为电力公害。为此，国际上以立法的形式限制用电设备的谐波电流。

（1）谐波使公用电网中的元件产生了附加的谐波损耗，降低了发电设备、输电设备及用电设备的工作效率，当大量三次谐波流过中性线时，会使线路过热，甚至引起火灾。

（2）谐波影响各种电气设备的正常工作。谐波不仅会导致电机产生附加损耗，还会使其产生机械振动、噪声和过电压，使变压器局部严重过热。此外，谐波还会使电容、电缆等设备过热、绝缘老化、寿命缩短，甚至损坏。

（3）谐波会引起公用电网局部并联谐振和串联谐振，从而使谐波被放大，这就使上述（1）和（2）的危害大大增加，甚至引起严重事故。

（4）谐波会导致继电保护装置和自动装置的误动作，并会使电气测量仪表计量不准确。

（5）谐波会对邻近的通信系统产生干扰：轻则产生噪声，降低通信质量；重则导致通信系统无法正常工作。

可利用无源滤波电路和有源功率因数校正（Active Power Factor Correction，APFC）电路限制谐波电流。无源滤波电路在整流器和电容之间串联大电感值的滤波电感以限制谐波电流，其优点是电路简单、成本低、可靠性高，缺点是尺寸和质量大、难以得到高功率因数（一般可提高至 0.9）。有源功率因数校正电路直接采用有源开关构成的 AC-DC 变换技术，使交流输入电流成为与电网电压同相位的正弦波，其优点是可得到较高的功率因数（接近 1.0）、体积和质量小、输出电压可保持恒定，缺点是控制电路复杂、平均无故障时间较短。

2. 有源功率因数校正电路的基本功能

有源功率因数校正电路利用脉宽调制技术调节整流输入电流，使其跟随整流全波电压连续导通，以减少谐波成分，达到功率因数接近 1.0 的目的。整流输入电流的平均值波形接近整流输入电压的波形，如图 8-3 所示。图 8-3 中的锯齿波形电流 i_i 是整流输入电流，细线表示整流输入电流平均值，V_{DC} 是整流输入电压。

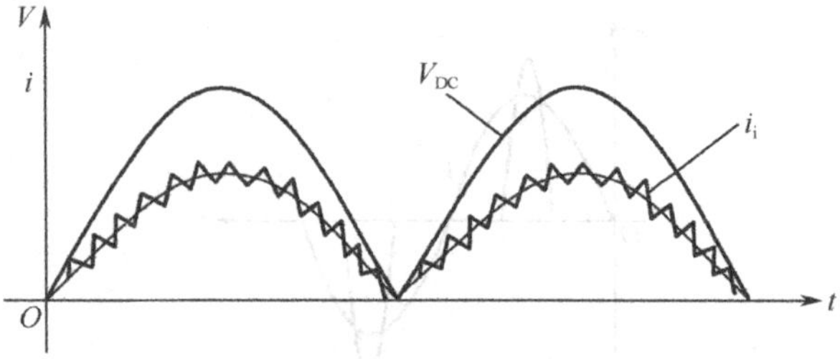

图 8-3　整流输入电压 V_{DC} 与整流输入电流 i_i

3. 有源功率因数校正电路基本结构与工作原理

有源功率因数校正电路基本原理图如图 8-4 所示。当开关 S 闭合时，调节输入电流 i_L 流过电感 L 线性增长，电能以磁能形式储存在电感 L 中。此时，电容 C 向负载 R 供电，R 中流过电流 I_O，R 两端电压为输出电压 V_O。由于 S 导通，二极管 D 承受反向电压，因此电容不能通过闭合的开关 S 放电。当 S 断开时，L 两端的电压极性变成左负右正，为保持 i_L 不变，磁场能转换为电压 V_L 与电压 V_{DC} 串联叠加，向 C 及 R 供电。当 V_O 有降低趋势时，C 向 R 供电。流过 D 的电流是断续的，由于 C 的存在，R 中仍有稳定连续的 I_O 通过。

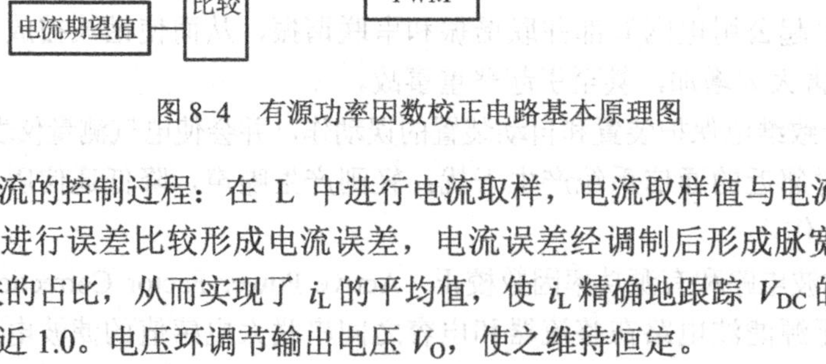

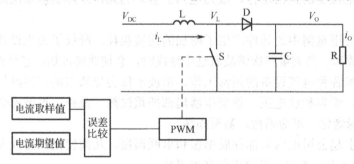

图 8-4　有源功率因数校正电路基本原理图

整流输入电流的控制过程：在 L 中进行电流取样，电流取样值与电流期望值（与电压波形变化一致）进行误差比较形成电流误差，电流误差经调制后形成脉宽调制信号，该信号决定了 S 开关的占比，从而实现了 i_L 的平均值，使 i_L 精确地跟踪 V_{DC} 的相位和波形，进而使功率因数接近 1.0。电压环调节输出电压 V_O，使之维持恒定。

8.1.2 DC-DC 变换器

DC-DC 变换器的任务是将有源功率因数校正电路输出的 400 V 直流电压变换为不同电压等

级的稳定直流电压，为音频模块、背光模块、控制模块和信号处理模块等不同系统模块供电。

DC-DC 变换器功能框图如图 8-5 所示。有源功率因数校正电路输出的 400 V 直流电压经开关、储能元件及整流滤波电路输出。

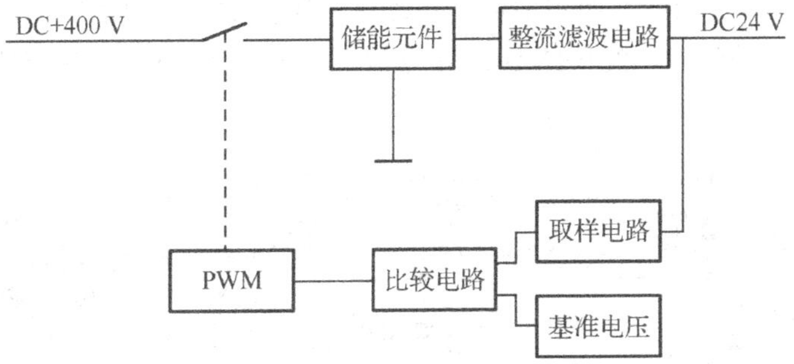

图 8-5　DC-DC 变换器功能框图

DC-DC 变换器的稳压过程：当取样电路的取样电压低于 24 V 时，比较电路的比较电压与基准电压进行比较，输出一负误差电压，该误差电压经脉宽调制，输出脉宽较宽的脉宽调制信号，该信号控制开关导通时间长、断开时间短，400 V 直流电压向储能元件输入更多电能，使得输出端电压上升；当输出端电压高于 24 V 时，比较电路输出一正误差电压，脉宽调制信号脉宽变窄，控制开关导通时间变短、断开时间变长，使得输出端电压下降。DC-DC 变换器是通过不断调整开关的导通时间和断开时间来稳定输出端电压的。

8.2　MS18 机芯电源电路分析

MS18 机芯采用的开关电源是 ON37A 开关电源，该电源组成框图如图 8-6 所示。MS18 机芯的输入电压范围为 90～265 V（交流 50 Hz），待机功耗为 0.5 W，输出电压为直流 12 V、24 V、5 V，输出电流范围分别为 0.8～6 A、1.0～4 A、0.05～0.5 A。

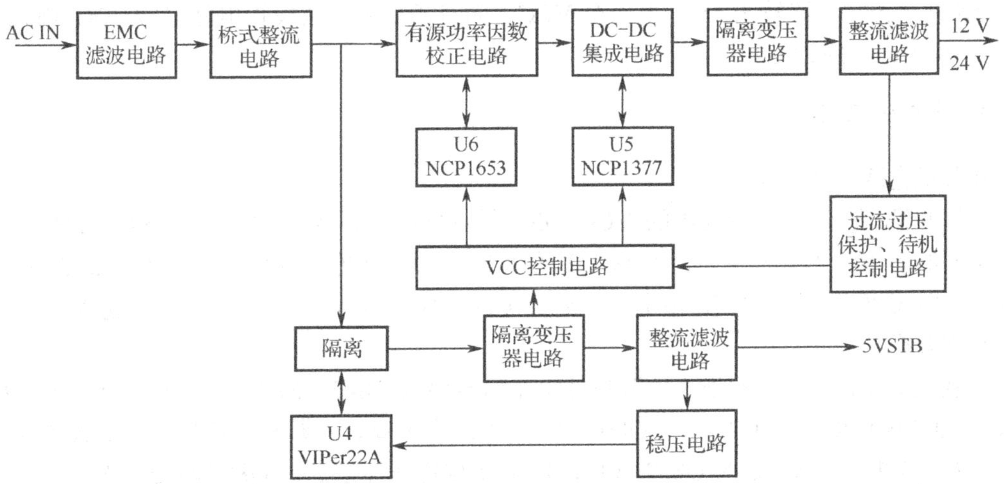

图 8-6　ON37A 开关电源组成框图

1. 输入电路

输入电路如图 8-7 所示。当接通 220 V 的交流市电后，经过 FP801、RV801、C819、LF806、LF802、LF801、R824 等组成的共模滤波电路，交流市电的干扰被抑制，电网电压中的高频干扰脉冲也被消除，经桥路 BD801 整流后，输出 300 V 左右的直流电。

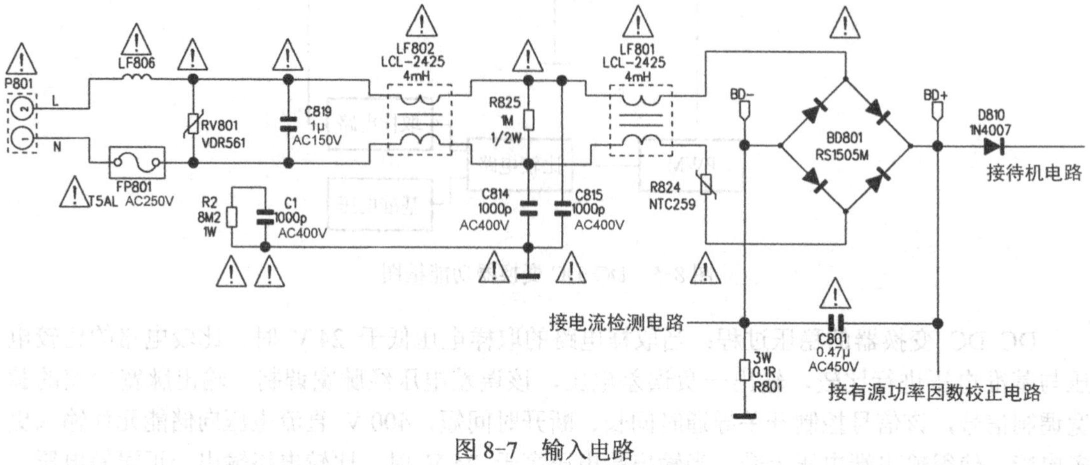

图 8-7 输入电路

2. 待机电路

在接通市电后，待机电路（见图 8-8）首先工作，为数字板提供 5 V 电压，在收到数字板的开机信号后，主电源才开始工作，输出 24 V、12 V 两种电压。300 V 的直流电经过 D810、R832 后接至变压器 T803 的初级绕组 1 脚，T803 的 3 脚接至 U4 的 5 脚、6 脚、7 脚、8 脚并由 U4 内部的启动电路转接至其 4 脚 VDD，使 U4 的源极、漏极接通，从而使 T803 的初级绕组接通，进而感应其次级绕组的 9 脚输出经 D807 整流的 5 V 待机电压。R838 取样 5 V 待机电压，接至 U3 的 1 脚，光耦感应 U3 使其 3 脚、4 脚接通，将信号反馈至 U4 的 3 脚，控制 U4 输出，从而使 T803 输出稳定的 5 V 电压。同时，T803 次级绕组的 4 脚分两路输出：一路输出 15 V 电压至 VCC，为有源功率因数校正电路 IC 及 DC-DC 集成电路 IC 供电；一路为 U4 供电。

3. 开关机电路

开关机电路如图 8-8 所示。

电视开机流程：数字板发出的 VCC_ON 开机高电平信号经过 R842、R841、D819 后送至 Q808 的 B 极，Q808 导通，光耦 U2 的 1 脚、2 脚导通，将信号耦合至 U2 的 3 脚、4 脚；这时 Q807 导通，15 V 供电电压通过 Q807 输出至 VCC，为 U5 和 U6 提供工作电压，电视开机。

电视关机流程：数字板发出的开机低电平信号经过 R842、R841、D819 后送至 Q808 的 B 极，此时 B 极电压小于 0.5 V，Q808 截止，U2 的 1 脚、2 脚无电流通过，无法将信号耦合至 U2 的 3 脚、4 脚；这时 Q807 截止，15 V 供电电压无法通过 Q807 输出至 VCC，U5 和 U6 因没有工作电压停止工作，电视关机。

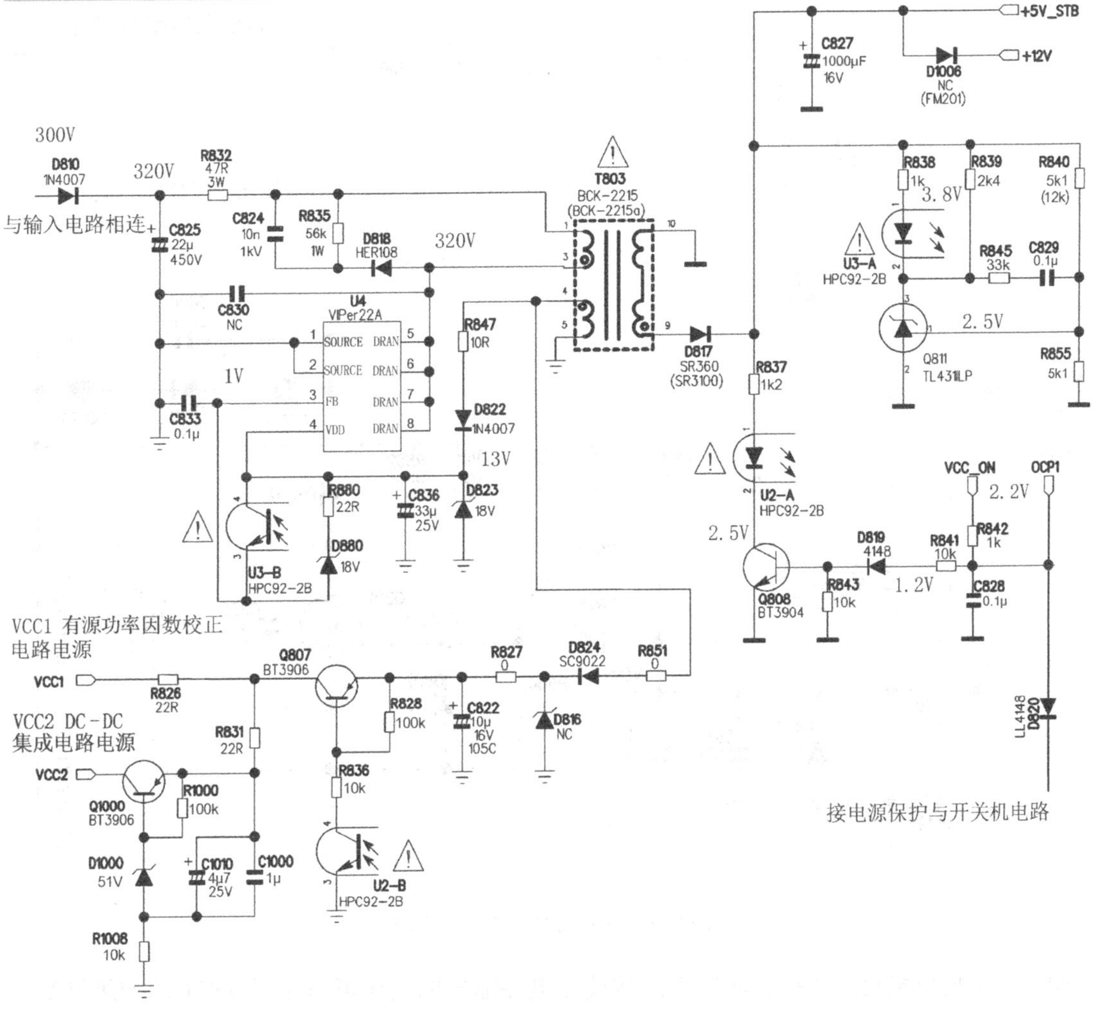

图 8-8　待机及开关机电路

4. 有源功率因数校正电路

有源功率因数校正电路如图 8-9 所示。当 15 V 电压接至 U6 的 8 脚后，U6 开始运行，同时 U6 的 7 脚输出脉冲信号控制 Q801 的截止、导通，使 L801 不断进行磁电能量交换，校正功率因数，将整流后的电压提升至 400 V 左右，经电容 C807 滤波，输出至 DC-DC 集成电路。

5. DC-DC 集成电路

DC-DC 集成电路如图 8-10 所示。当 15 V 电压接至 U5 的 6 脚后，U5 开始运行，同时 U5 的 5 脚输出脉冲信号控制 Q805 和 Q802 的 B 极。当 U5 的 5 脚发出的脉冲信号是高电平时，Q805 截止，Q802 导通，U5 的 6 脚 VCC 通过 Q802、R813 为 C820 充电；当发出的脉冲信号是低电平时，Q805 导通，Q802 截止，VCC 通过 Q805 对 C820 进行放电。随着 C820 的重复循环充电和放电，T802 的次级耦合感应到信号的变化，从而控制 Q803 和

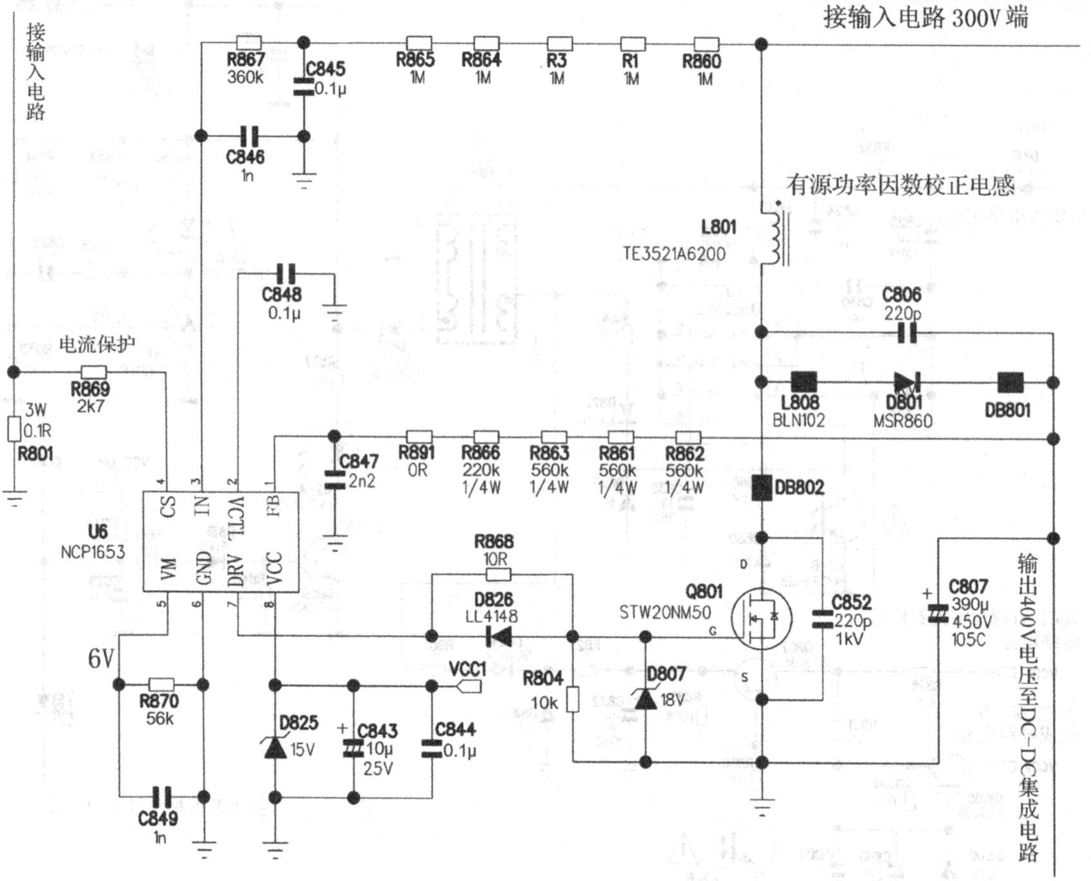

图 8-9　有源功率因数校正电路

Q806 的导通和截止。这样有源功率因数校正电路输出的电压可以接至 T801 的初级绕组，并且可以不断重复进行储能和释能的变换，从而耦合感应次级绕组使其输出 12 V、24 V 两种电压。DC-DC 集成电路的稳压过程：通过 R803、R805 取样 24 V 电压信号，取样的信号通过 U1 的感应控制 U5 的 2 脚，调节 U5 的 5 脚输出的脉冲宽度，进而实现调节 T801 的输出。

6. 过压、过流保护电路

过压、过流保护电路如图 8-11 所示。当出现过电压时，取样后的信号经过 D809、R856 后为高电平并送至 Q812 的 B 极，此时 Q810 的集电极也是高电平。这时 Q812 导通，拉低 Q810 的基极，使 Q810 也导通，并通过 D820 连接至 R842，将 VCC_ON 的电位拉低，机器开始进行待机保护。在 12 V 输出电路中，T801 次级绕组的 12 脚通过外接 R908、R902 与 U7 的 2 脚相连。当出现过流时，U7 的 1 脚出现负压、7 脚输出负压，该负压接至 Q810 的 B 极，使 Q810 导通，Q810 的发射极和集电极导通，这时 D820 将 R842 的电位拉低，机器开始进行待机保护。

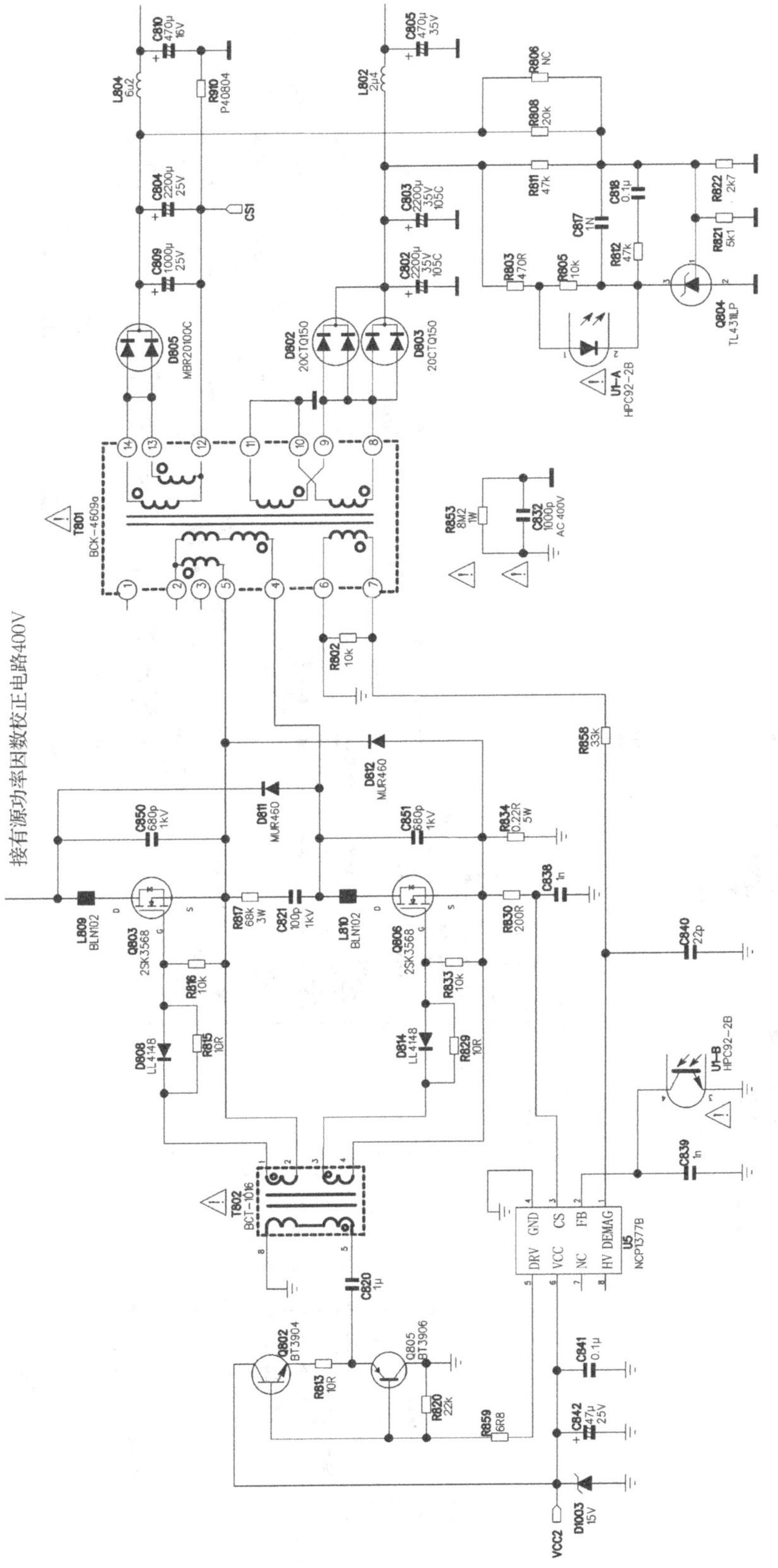

图8-10 DC-DC集成电路

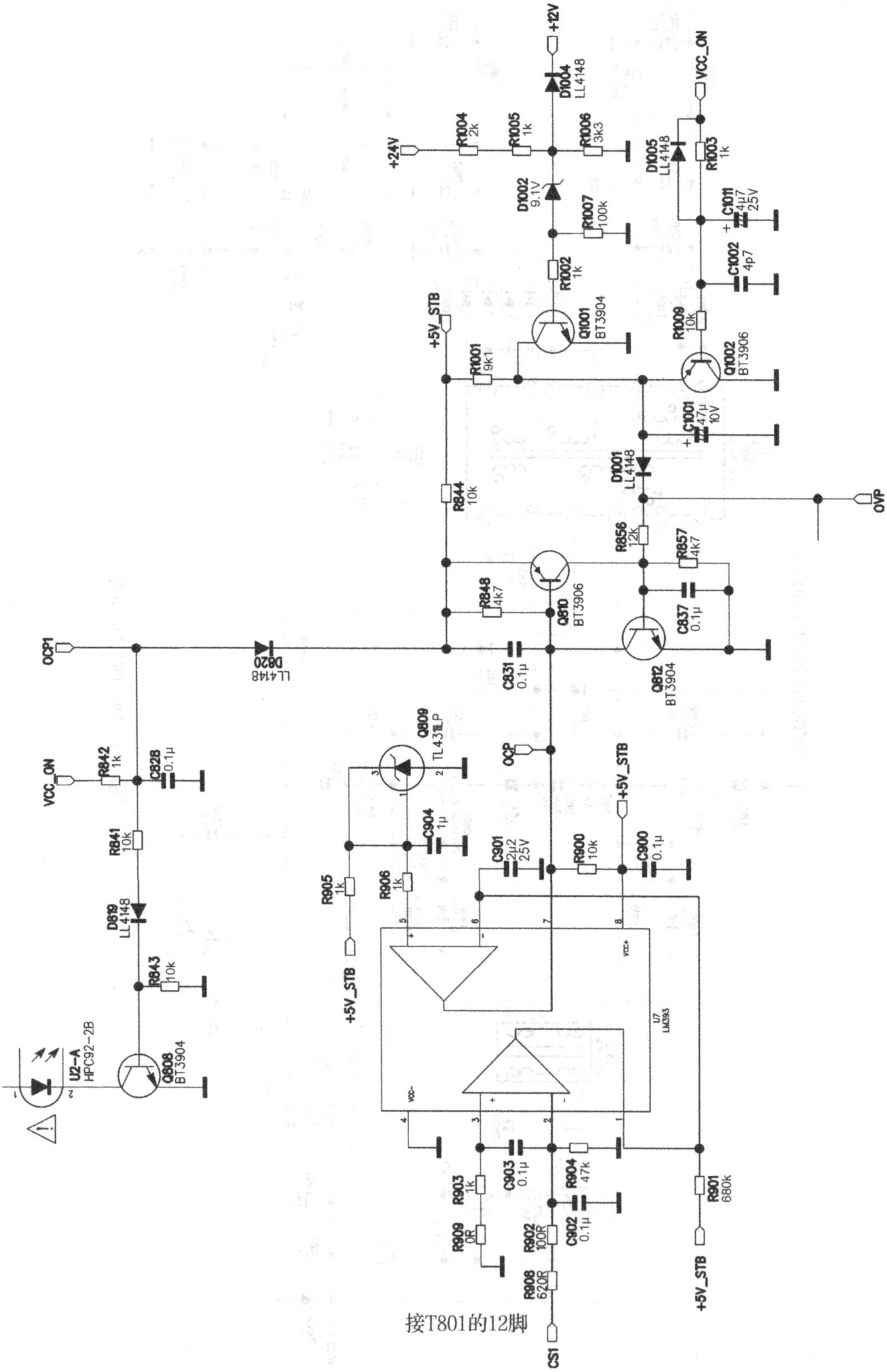

图8-11 过压、过流保护电路

实训 12　开关电源输入电路及待机电路的故障检修

1. 任务要求

使学生具备 ON37A 开关电源输入电路及待机电路故障检修的能力。

2. 实训器材

液晶电视 1 台、常用电工工具 1 套、60 MHz 以上双踪示波器、万用表。

3. 实训步骤

1）分析输入电路及待机电路的工作流程

2）常见故障现象

无 5 V 待机电压，无 300 V 电压输出，或者 300 V 电压输出不正常。

3）电路检修

开关电源输入电路及待机电路检修流程如图 8-12 所示。

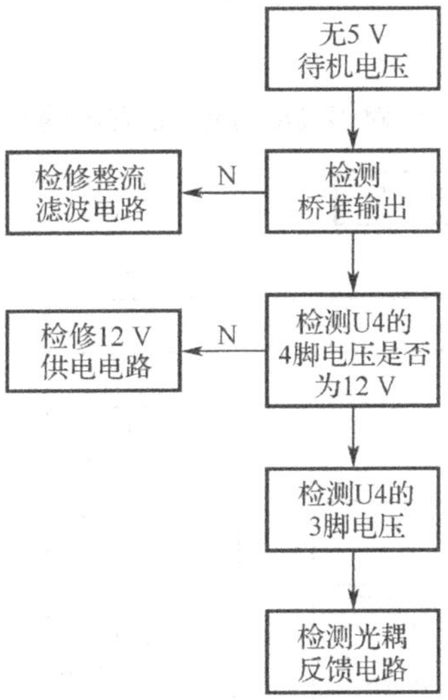

图 8-12　开关电源输入电路及待机电路检修流程

（1）判断故障位置。若无 5 V 待机电压，首先检测桥堆输出是否正常，若正常检测待机电路，若不正常，检测输入电路。

（2）输入电路检测。①保险管熔断。保险管熔断表明电路中存在短路或断路故障，断电后采用电阻测量法，检测 RV801、C819、LF802、LF801、R825 及桥路 BD801 整流，观察其是否存在短路现象，若正常，则需要继续检测后级电路。②保险管未熔断。保险管未熔断，无 300 V 电压，一般原因是电路中存在断路故障。检测 L806、FP801、电源滤波器及桥路等，观察其是否存在开路现象。

（3）待机电路检测。如果桥堆输出 300 V 电压正常，检测 U4 的 4 脚电压是否为 12 V，检测 U4 的 3 脚电压、检测光耦反馈电路、检修 12 V 供电电路。

实训 13　开关电源有源功率因数校正电路及 DC-DC 集成电路的故障检修

1. 任务要求

使学生具备 ON37A 开关电源有源功率因数校正电路及 DC-DC 集成电路的故障检修能力。

2. 实训器材

液晶电视 1 台、常用电工工具 1 套、60 MHz 以上双踪示波器、万用表。

3. 实训步骤

1）分析有源功率因数校正电路及 DC-DC 集成电路的工作流程

2）常见故障现象

有 5 V 待机电压，无 12 V 电压、24 V 电压输出。

3）电路检修

开关电源有源功率因数校正电路及 DC-DC 集成电路检修流程如图 8-13 所示。

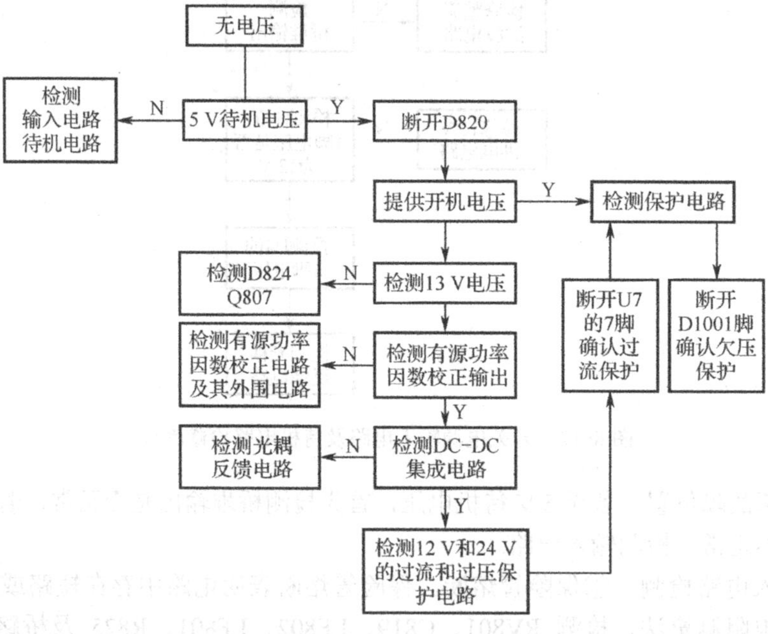

图 8-13　开关电源有源功率因数校正电路及 DC-DC 集成电路检修流程

（1）判断故障位置。断开 D820，强制提供开机电压，若 12 V/24 V 输出正常，故障位于保护电路，若无 12 V/24 V 输出，故障位于有源功率因数校正电路及 DC-DC 集成电路。

（2）有源功率因数校正电路及 DC-DC 集成电路供电检测。检测 U5、U6 集成电路的电源电压，若不正常，检测 D824、Q807、Q1000。

（3）若 U5、U6 供电正常，首先检测有源功率因数校正输出是否正常，若输出不正常，检测有源功率因数校正电路及其外围电路。

（4）若有源功率因数校正输出正常，则检测 DC-DC 集成电路、光耦反馈电路等。

实训 14 开关电源保护电路的故障检修

1. 任务要求

使学生具备 ON37A 开关电源保护电路的故障检修能力。

2. 实训器材

液晶电视 1 台、常用电工工具 1 套、60 MHz 以上双踪示波器、万用表。

3. 实训步骤

1）分析有源功率因数校正电路及 DC-DC 集成电路的信号流程

2）常见故障现象

有 5 V 待机电压，无 12 V 电压、24 V 电压输出。

3）电路检修

（1）判断故障位置。断开 D820，强制提供开机电压，若 12 V/24 V 输出正常，故障位于保护电路，若无 12 V/24 V 输出，故障位于有源功率因数校正电路及 DC-DC 集成电路。

（2）判断过流保护。断开 U7 的 7 脚，若 12 V/24 V 输出正常，则为过流保护。

（3）判断欠压保护。断开 D1001 脚，若 12 V/24 V 输出正常，则为欠压保护。

（4）判断过压保护。以上都不是，可能为过压保护。

（5）根据判断得到的保护类型，运用电阻法、电压法对相应电路的元件进行检测。

练习与思考 8

1. 开关电源有哪些特点？它为什么比传统的串联型稳压电源效率高？
2. 开关电源种类有哪些？
3. 简要说明有源功率因数校正的基本原理。
4. 查阅资料说明目前在节能方式方面，对开关电源有哪些要求。
5. 根据图 8-13 分析 DC-DC 集成电路的工作过程。

第9章 液晶电视综合实训

要求

掌握3.5寸液晶电视的设计、组装及调试方法。

知识点

- 液晶电视解码电路的设计、组装及调试方法。
- 开关电源的组成与调试方法。

重点和难点

- 液晶电视解码电路的设计。
- 电源电路的组装与调试。

综合实训1 液晶电视解码电路的设计

实训要求

（1）对典型解码电路进行分析。

（2）对解码电路进行移植设计与制作。

（3）对解码电路控制程序进行移植设计与系统调试。

（4）对PT035TN01-V6液晶显示屏控制程序进行设计与系统调试。

学习环境

- 学习场所：网络微机房、电子工艺实训室、单片机实训室。
- 工具软件：PROTEL DXP2004。

● 设备工具：激光打印机、曝光机、显影及化学蚀刻设备、小钻床。

学习目标

● 使学生具有运用典型信息处理芯片（视频解码芯片）的能力。
● 使学生具有移植性设计能力。

任务 1-1　典型解码电路的分析

1. 任务要求

分析 TVP5150 解码电路。

2. 实训器材

TVP5150 芯片规格书 1 份。

3. 实训内容

（1）分析 TVP5150 解码电路视频信号处理流程。
TVP5150 解码电路框图如图 9-1 所示。

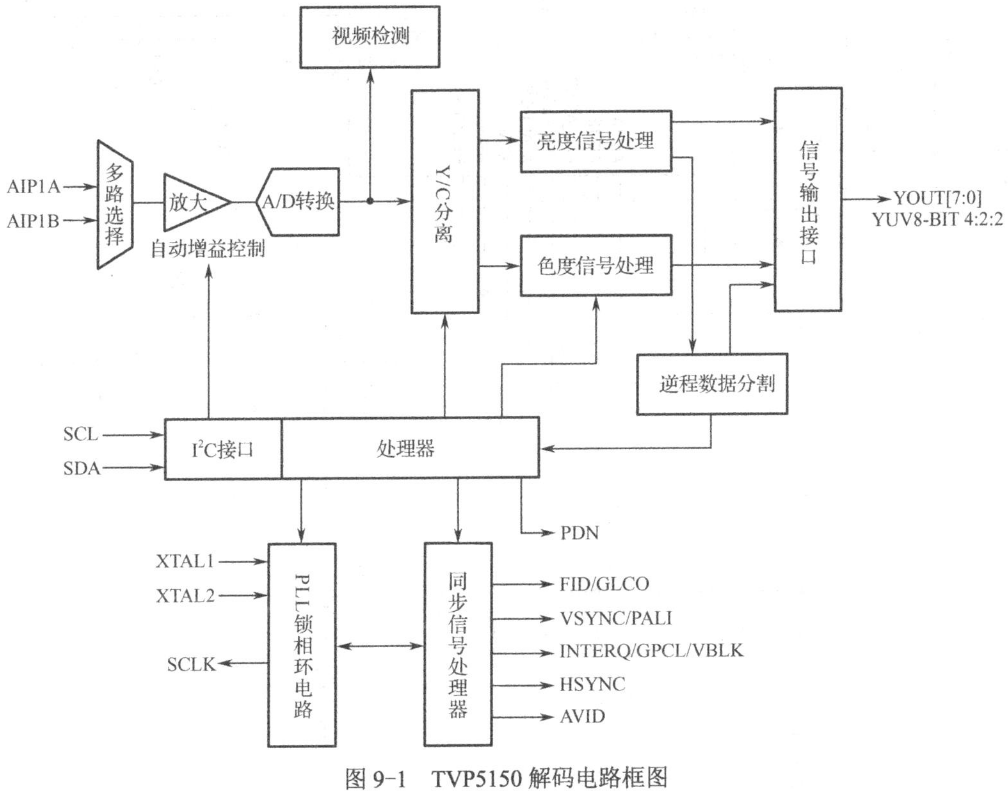

图 9-1　TVP5150 解码电路框图

（2）分析 TVP5150 解码电路能够正常工作的基本条件及 TVP5150 外围电路（电源电路、复位电路、时钟电路）（见图 9-2）。

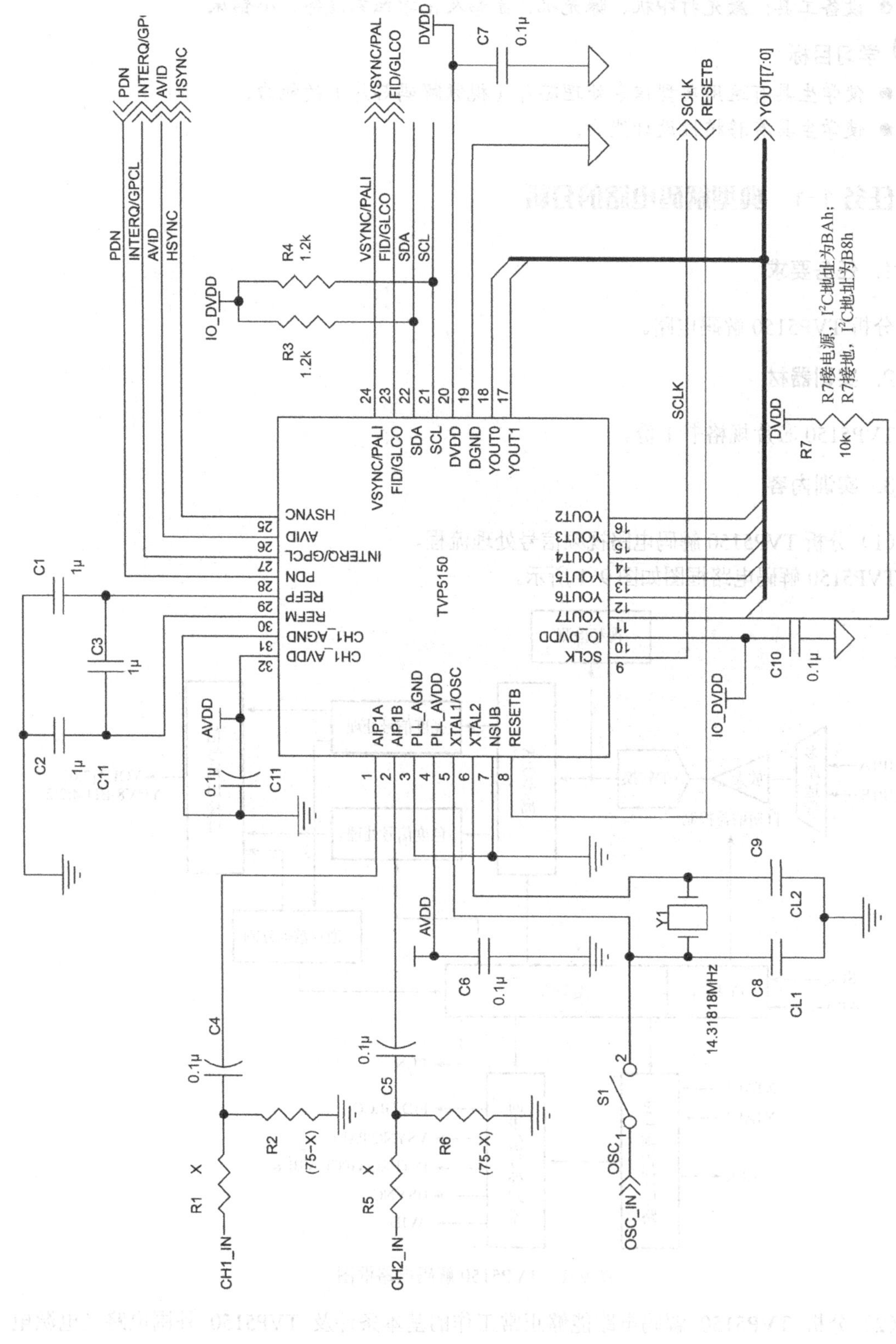

图9-2　TVP5150外围电路

（3）分析典型解码电路输入信号要求及输出端口带载能力。

（4）制作典型解码电路分析表（见表 9-1）。

表 9-1　典型解码电路分析表

序号	完成内容	描述	备注
1	芯片电源供电线路布线分析		
2	时钟电路的布线分析； 电容、晶振的参数		
3	复位电路元件参数及复位时序分析		
4	信号输入端口的信号电气参数分析		
5	信号输出端口的信号电气参数分析		
6	视频信号处理工作流程分析		

任务 1-2　解码电路的移植设计与制作

1. 任务要求

根据典型解码电路的实际应用对其进行调整和改进，设计新的解码电路。解码电路设计任务书如表 9-2 所示。

表 9-2　解码电路设计任务书

设计题目	TFT-LCD 解码电路的移植设计与制作	
研究内容	设计制作 TFT-LCD 解码电路	
研究方法	实验法、文献法	
主要技术指标（或研究目标）	具有一路 VIDEO 输入端口； 能显示视频图像	
进程	时　间	主要工作进展
		查阅文献，完成设计方案
		硬件电路的设计
		软件的设计
		调试
参考文献	[1] TEXAS INSTRUMENTS.TVP5150A/TVP5150AM1 Ultralow Power NTSC/PAL/SECAM Video Decoder With Robust Sync Detector Data Manual[C]USA:TEXAS TNSTRUMENTS，2004. [2] Innolux PT035TN01 V.6 LCD SPECIFICATION[C]TAIWAN: :Innolux Display Corporation，2007. [3]TCL 多媒体科技控股有限公司.TCL LCD 平板彩色电视机原理与分析[M].北京：人民邮电出版社，2007	

2. 实训器材

计算机 1 台。

3. 实训内容

（1）根据设计要求，确定典型解码电路的修改方案。修改方案表如表 9-3 所示。

表 9-3 修改方案表

序号	改动之处	改动原因	备注
1			
2			
3			
4			
5			

（2）根据修改方案进行移植性设计。

（3）解码电路电路板的制作。解码电路电路板实物图如图 9-3 所示。

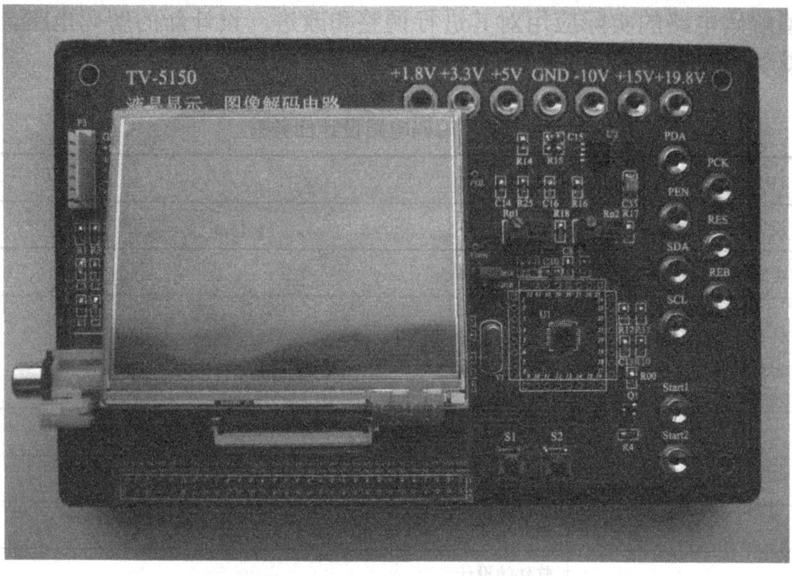

图 9-3 解码电路电路板实物图

（4）进行调试，使 TVP5150 解码电路满足基本工作条件。

任务 1-3 解码电路控制程序的移植设计与系统调试

1. 任务要求

完成解码电路控制程序的移植设计与系统调试。

2. 实训器材

WXSY-TV001 实验箱 1 台、计算机 1 台。

3. 实训内容

（1）解码电路控制程序的阅读与分析。

解码电路控制程序如下。

```
    #include <reg51.h>
    #include <intrins.h>
    #define uchar unsigned char
    #define uint unsigned int

    sbit SDA=P1^6;
    sbit SCL=P1^7;
    sbit RES=P1^5;
    sbit K1=P1^4;

    delayNOP()
    {_nop_() ; _nop_() ; _nop_() ; _nop_() ; _nop_() ; _nop_() ; _nop_() ;
_nop_(); _nop_(); _nop_(); }

    delay()
    { uint ii;
        for(ii=0; ii<=500; ii++);
    }

    void start()        //启动
    {
    SCL=0;
    SDA=1;
    delayNOP();
    SCL=1;
    delayNOP();
    SDA=0;
    delayNOP();
    SCL=0;
    }

    void stop()         //停止
```

```
{
SCL=0;
SDA=0;
delayNOP();
SCL=1;
delayNOP();
SDA=1;
delayNOP();
SCL=0;
}

void send_one_char(uchar ch)
{
   uchar m;
   for(m=0; m<8; m++)
  {
     if(ch&0x80) SDA = 1;        // 若要发送的数据最高位为1，则发送位1
     else        SDA = 0;
     SCL = 1;
     delayNOP();          SCL = 0;
     ch = ch<<1;          // 数据左移一位
  }
     SDA = 1;
     delayNOP();
     SCL = 1;
     delayNOP();
      SDA=0;
     while(SDA==1);       //检查应答信号
     delayNOP();
     SCL = 0;
     delayNOP();
}

void send_da(uchar xx, uchar yy)
{
start();
SDA = 0;
delayNOP();
SCL = 0;
send_one_char(0xba);     //I2C通用地址固定
```

```
send_one_char(xx);        //I2C 写入寄存器地址
send_one_char(yy);        //I2C 写入数据
stop();

}

main()
{  while(1)
    {
    while(K1==0)
    {
        delay();
        while(K1==0)
        {
            RES=1;
            delay(); delay();
            RES=0;
             send_da(0x03, 0x09);
}}}}
```

（2）确定解码电路控制程序的修改方案。解码电路控制程序修改方案表如表 9-4 所示。

表 9-4　解码电路控制程序修改方案表

序号	改动之处	改动原因	方案描述
1			
2			
3			
4			
5			

（3）根据解码电路控制程序的修改方案对解码电路控制程序进行移植设计。

（4）反复调试直至数据输出波形正常（ITU-BTA655 数据接口标准）。

任务 1-4　液晶显示屏控制程序的设计与系统调试

1. 任务要求

修改并调试 PT035TN01-V6 液晶显示屏控制程序，使该显示屏实现图像显示功能。

2. 实训器材

WXSY-TV001 实验箱 1 台、计算机 1 台。

3. 实训内容

（1）分析如下液晶显示屏控制程序（V1 版）。

```
/*********************************************************************
SPI.C
*********************************************************************/
#include <define.h>
/****************************************/
//SPENB P2_0
//SPDA P2_1
//SPCK P2_2
/****************************************/
/*=======================================*/
//功能:SPI_delay
/*=======================================*/
void SPI_delay(void)
{ unsigned char i;
for (i=0; i<50; i++);
}
/*=======================================*/
//功能:SPI_write
/*=======================================*/
void SPI_write(unsigned char RegAddr, unsigned char RegData)
{
unsigned char no;
unsigned short value;
SPENB=1;
SPCK=1;
SPDA=0;
SPENB=0;  //"开始"
SPI_delay();
value = (RegAddr << 8) | (RegData & 0xFF);
for (no=0; no<16; no++)
{
SPCK=0;
if ((value &0x8000)==0x8000)
SPDA=1;
else
```

```
SPDA=0;
SPI_delay();
SPCK=1;
value = (value <<1);
SPI_delay();
}
SPENB=1;
SPI_delay(); SPI_delay(); SPI_delay(); SPI_delay(); SPI_delay();
}
/*========================================*/
//功能:SPI_init
/*========================================*/
void SPI_init(void)
{
SPI_write(0x02, 0x03);  //初始化 R00 寄存器
SPI_write(0x06, 0x00);  //R01
SPI_write(0x0a, 0x11);  //R02
SPI_write(0x0e, 0xc4);  //R03
SPI_write(0x12, 0x7c);  //R04
SPI_write(0x16, 0x0c);  //R05
//不要设置 R06 寄存器，它具有 OSD 功能
SPI_write(0x1e, 0x03);  //R07
SPI_write(0x22, 0x08);  //R08
SPI_write(0x26, 0x40);  //R09
SPI_write(0x2a, 0x88);  //R0A
SPI_write(0x2e, 0x88);  //R0B
SPI_write(0x32, 0x20);  //R0C
SPI_write(0x36, 0x20);  //R0D
}
```

（2）确定液晶显示屏控制程序的修改方案。液晶显示屏控制程序修改方案表如表 9-5 所示。

表 9-5 液晶显示屏控制程序修改方案表

序号	改动之处	改动原因	方案描述
1			
2			
3			
4			
5			

（3）根据液晶显示屏控制程序修改方案对液晶显示屏控制程序进行移植设计。

（4）反复调试直至图像出现。

综合实训 2 电源电路的组装与调试

实训要求

（1）对电源电路进行分析。

（1）对电源电路进行组装。

学习环境

- 学习场所：网络微机房、电子工艺实训室。
- 工具软件：PROTEL DXP2004。

学习目标

- 使学生具有运用典型信息处理芯片（视频解码芯片）的能力。
- 使学生具有移植性设计能力。

任务 2-1 电源电路的分析

1. 任务要求

分析电源电路的工作流程。

2. 实训器材

电源电路图纸 1 份。

3. 实训内容

1）脉宽调制波产生电路的分析

（1）AT1743 基本工作电路的分析。

AT1743 外围的基本电路为其提供工作条件。AT1743 的 1 脚、2 脚利用阻容振荡为其提供振荡三角波，3 脚为输出电路反馈电压输入引脚，5 脚为阻容耦合反馈引脚，6 脚为电压采样引脚，7 脚为脉宽调制波输出引脚。AT1743 内含两个工作电路，这两个工作电路的功能相同。AT1743 的 15 脚为过压、欠压、过流采样引脚，16 脚输出 2.5 V 基准电压。AT1743 工作原理图如图 9-4 所示。AT1743 的工作过程：3 脚对电源输出电压进行采样，采样的电压与 4 脚的基准电压进行比较产生误差电压，此误差电压与 AT1743 内的振荡三角波进行比较，产生脉宽调制波以调节输出电源输出电压。

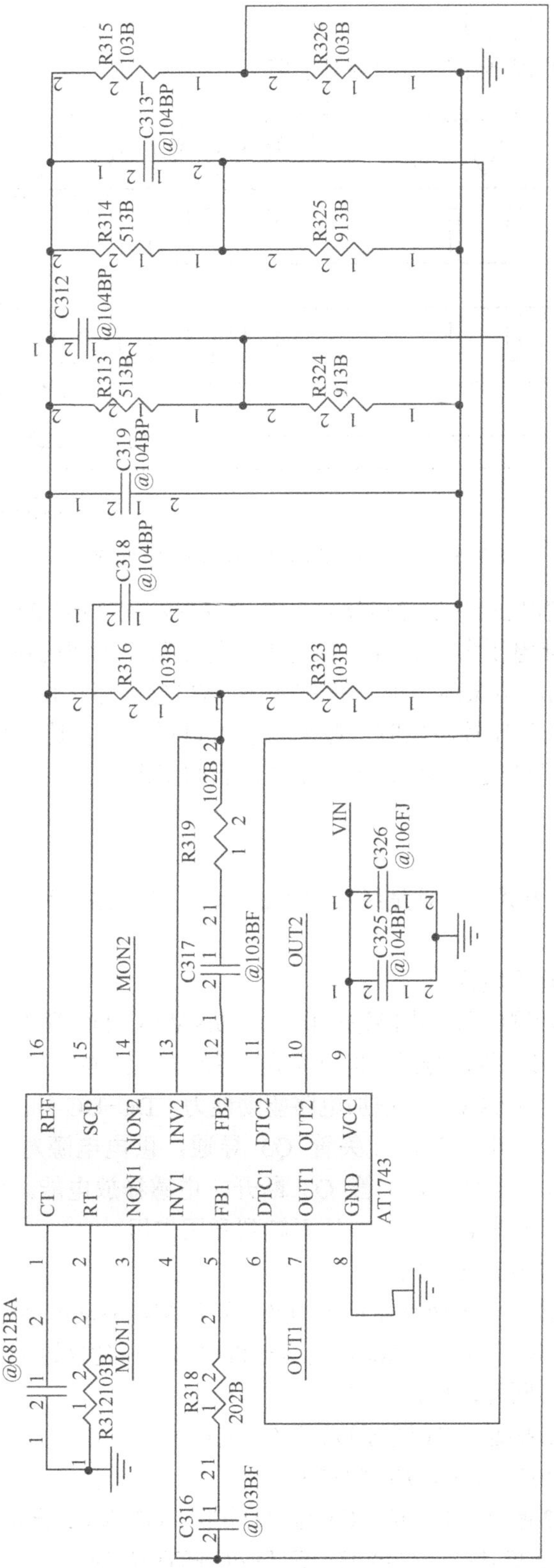

图9-4 AT1743工作原理图

（2）AT1743 脉宽调制波的调节方式。

AT1743 脉宽调制波的调制波形图如图 9-5 所示。

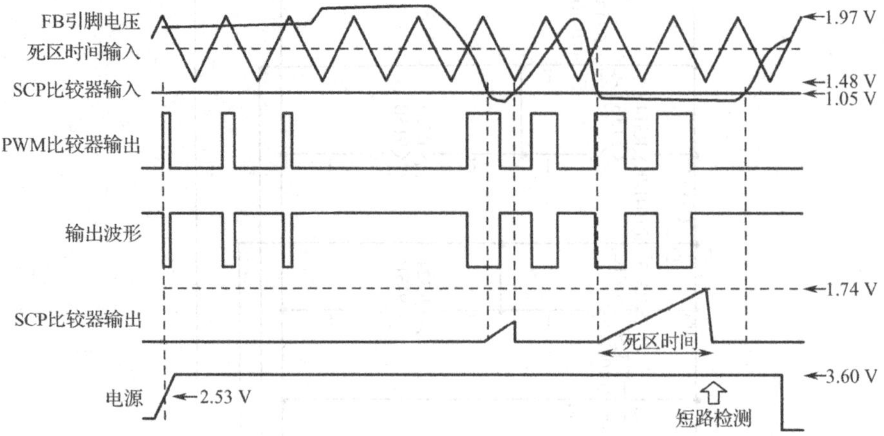

图 9-5　AT1743 脉宽调制波的调制波形图

在图 9-5 中，FB 引脚电压为误差电压，振荡三角波为 AT1743 的 1 脚和 3 脚的阻容耦合振荡波，INV 引脚基准电压为 1.25 V，误差电压与振荡三角波比较形成脉宽调制波并输出波形。当误差电压增加，与振荡三角波失去交点，AT1743 停止输出脉宽调制波，当误差电压与振荡三角波相比低于比较电压时，脉宽调制波以最大占空比输出，如果此时仍无法满足要求，AT1743 则会提供欠压补偿，使输出电压回归正常。

2）升压电路的分析

下面采用了两种升压方式：一种是经典的 DC-DC 升压电路；另一种是脉宽调制波控制电容升压电路。

（1）19.8 V DC-DC 升压电路。

19.8V 电源对液晶显示屏的背光电路进行供电。19.8 V DC-DC 升压电路如图 9-6 所示。

脉宽调制波通过控制开关管的导通、断开实现控制储能元件的充电、放电，利用 DC-DC 升压电路将 12 V 电压升至 19.8 V。为增加电路驱动能力，DC-DC 升压电路接有推挽式工作电路。当脉宽调制波处于高电平时，开关管 Q3 导通，供电电源对地导通，电感进行储能；当脉宽调制波转到低电平时，开关管 Q3 断开，电感释放电能。如此循环，使输出端电压为供电电源电压与和电感电压之和，从而起到升压作用。

（2）+15 V 及-10 V 电容升压电路。

+15 V 及-10 V 的电源用于对液晶显示屏的液晶正反翻转驱动电路进行供电。

首先，根据如图 9-7 所示的升压 Boost 电路分析输出电压建立过程。

状态 1：S1 接通，S2 断开，$V_{C1}=E$，$V_{C2}=E$。

状态 2：S1 断开，S2 接通，C1 通过 D2 为 C3 充电。

$V_{C1}=V_{C3}=[(K_1/(1+K_1)]\cdot E$，式中，$K_1=C1/C3$。

状态 3：S1 接通，S2 断开。$V_{C1}=E$；C3 与 C2 串联，C3 为 C2 充电，使 V_{C2} 升高。

重复上述过程，V_{C2} 逐步升高，直至 $V_{C2}=E+[K_1/(1+K_1)]\cdot E$ 为止。

令最高输出电压比 $\alpha_{max}=V_{C2}/E=(1+2K_1)/(1+K_1)$。

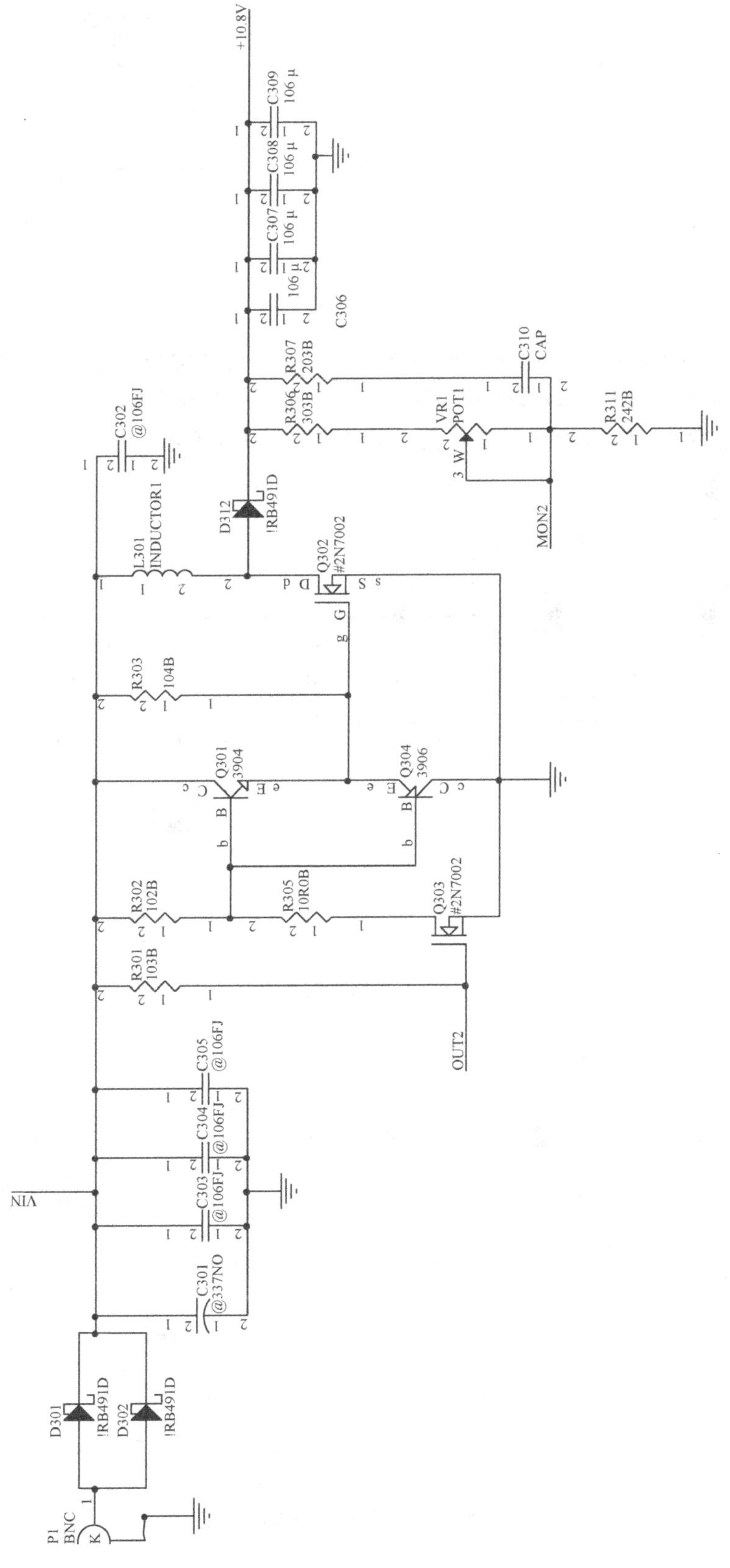

图9-6　19.8 V DC-DC升压电路

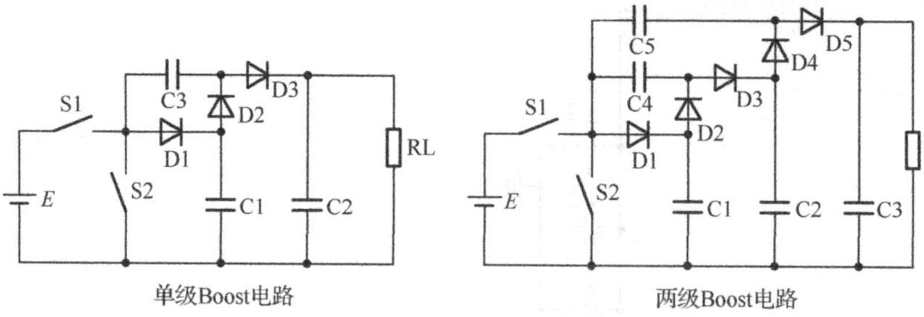

图 9-7　升压 Boost 电路

为达到设计要求，需要在电容升压电路后添加一个可调输出电路。可调输出电路工作原理：调节 Rp3（电位器），以改变开关管的状态，进而改变输出电压的大小。

电容升压电路如图 9-8 所示。电容负升压电路如图 9-9 所示。

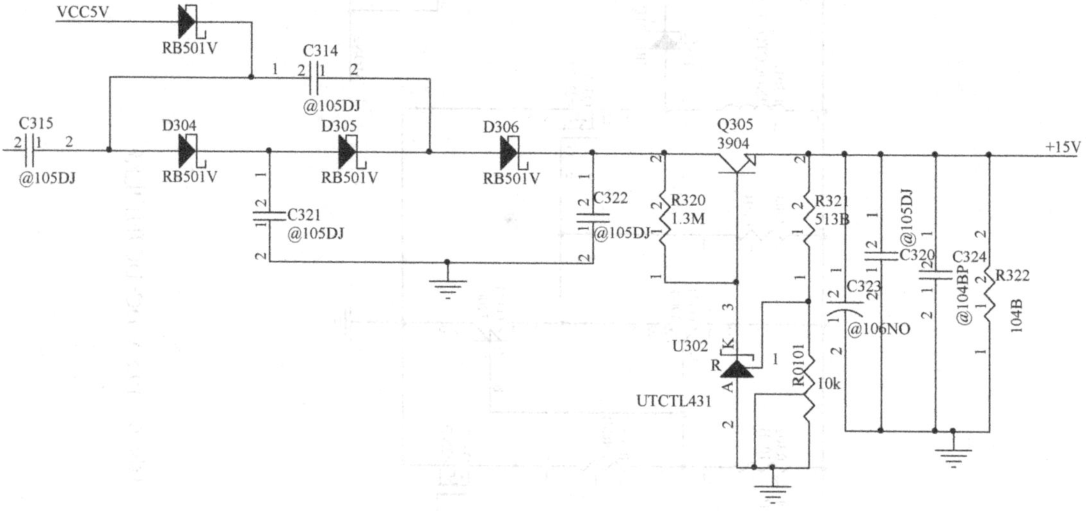

图 9-8　电容升压电路

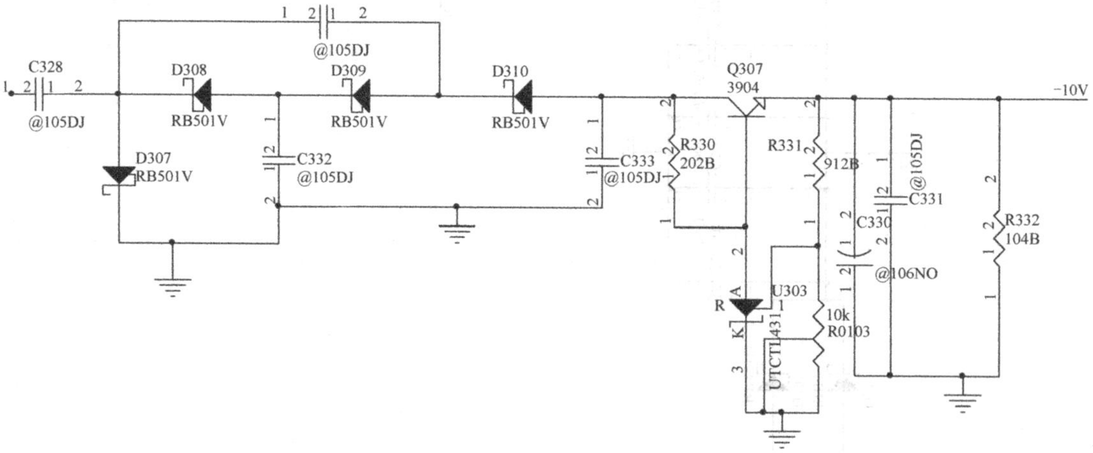

图 9-9　电容负升压电路

3）DC-DC 降压电路的分析

DC-DC 降压电路为液晶显示屏提供+5 V 和+3.3 V 的供电电源。这里采用典型 DC-DC 降压电路将+12 V 电压降至+5 V，并利用三端稳压电路将+5 V 电压转化为+3.3 V 电压。DC-DC 降压电路如图 9-10 所示。三端稳压电路如图 9-11 所示。

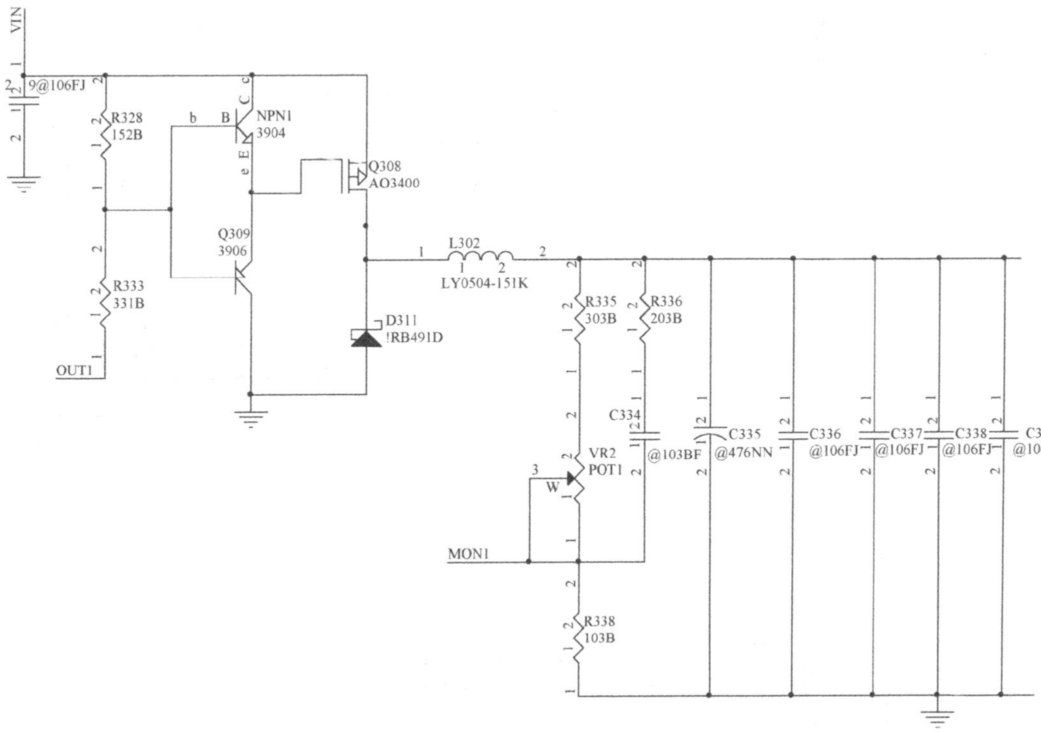

图 9-10　DC-DC 降压电路

DC-DC 降压电路的工作原理和 DC-DC 升压电路的工作原理大致相同：脉宽调制波通过控制开关管的导通、断开实现控制储能元件的充电、放电，进而实现改变输出电压的目的。

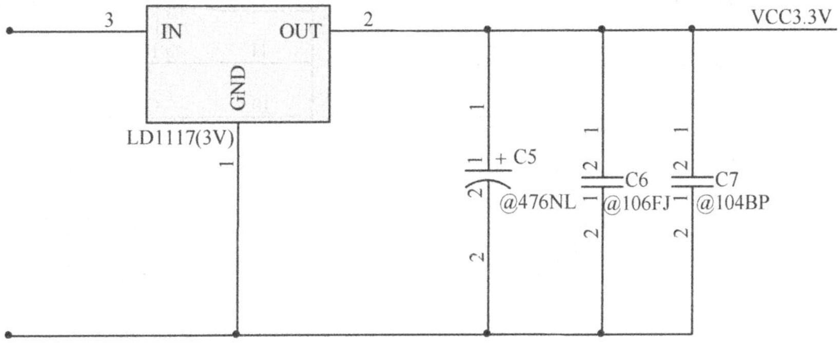

图 9-11　三端稳压电路

根据芯片对电压的要求，这里设计了稳压效果很好的三端稳压电路，电路中供芯片使用的是 LD1117。

任务 2-1 的电源完整电路图如图 9-12 和图 9-13 所示。

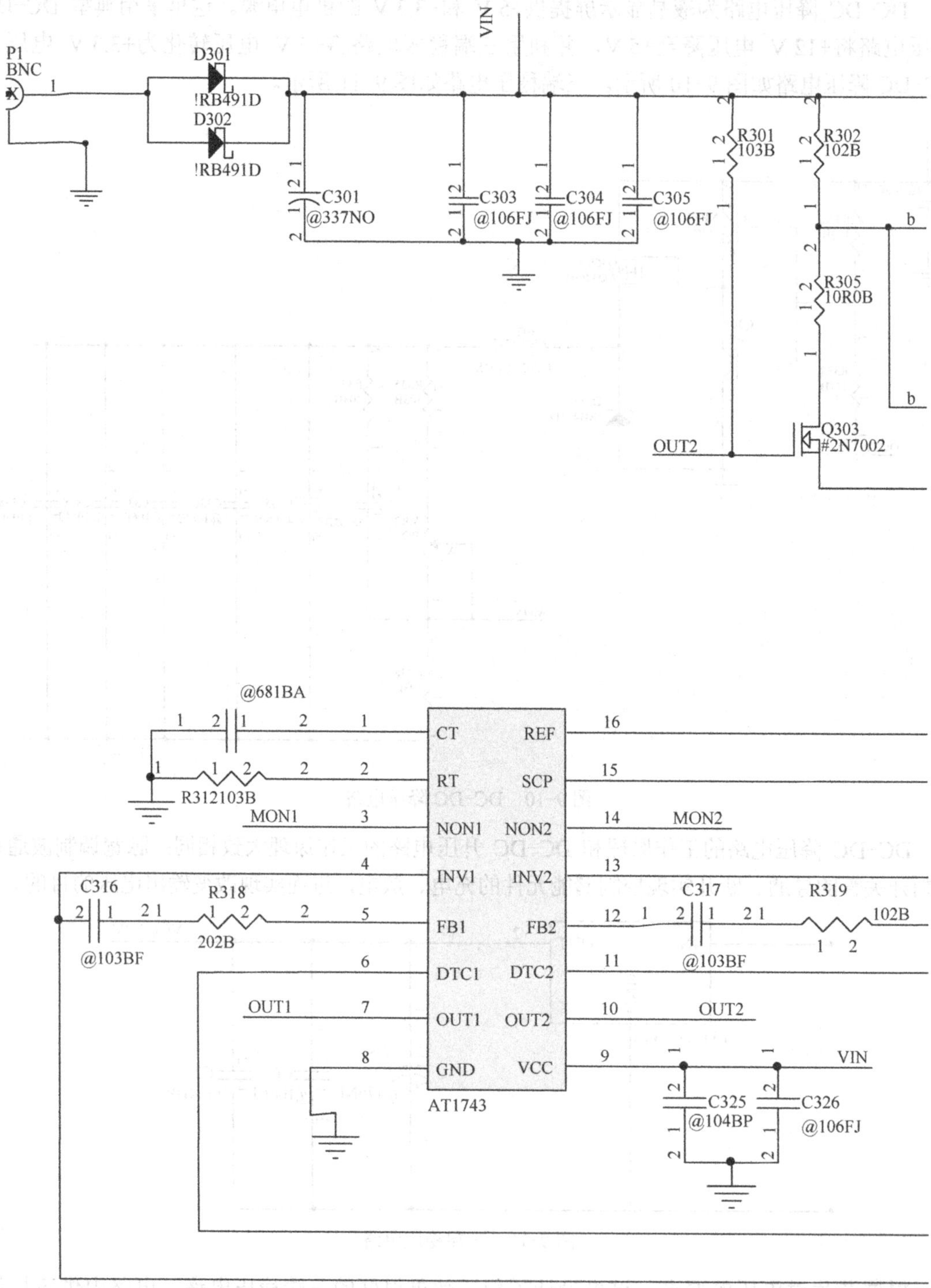
VIN
P1
BNC
1
D301
!RB491D
D302
!RB491D
C301
@337NO
C303
@106FJ
C304
@106FJ
C305
@106FJ
R301
103B
R302
102B
b
R305
10R0B
b
Q303
#2N7002
OUT2
@681BA
CT
REF
RT
SCP
R312103B
MON1
NON1
NON2
MON2
C316
INV1
INV2
R318
C317
R319
FB1
FB2
102B
@103BF
202B
@103BF
DTC1
DTC2
OUT1
OUT1
OUT2
OUT2
GND
VCC
VIN
AT1743
C325
@104BP
C326
@106FJ

图9-12 任务2-1

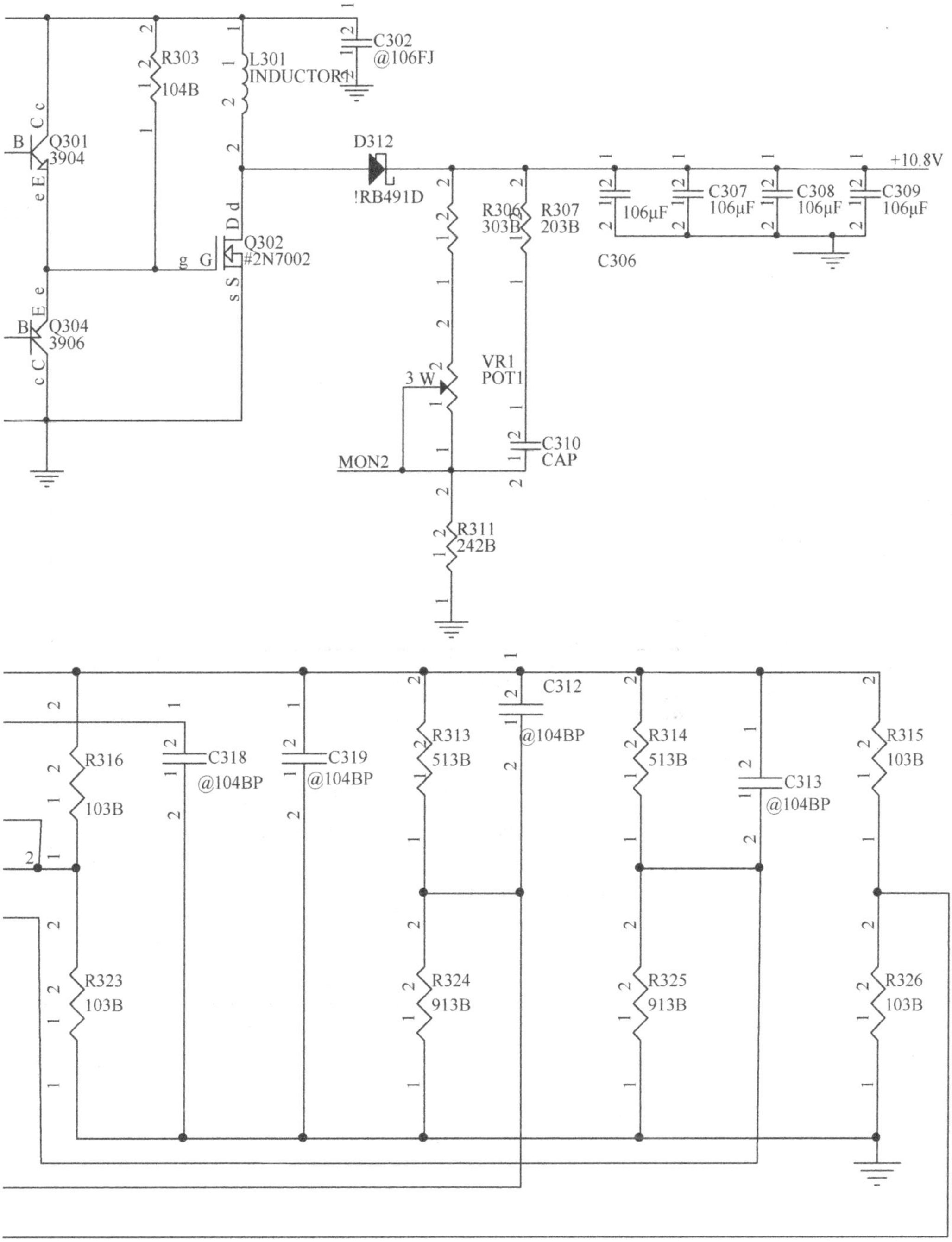
R303
104B
L301
INDUCTOR1
C302
@106FJ
Q301
3904
D312
!RB491D
+10.8V
R306
303B
R307
203B
C307
106μF
C308
106μF
C309
106μF
106μF
C306
Q302
#2N7002
Q304
3906
VR1
POT1
C310
CAP
MON2
R311
242B
C312
@104BP
R316
103B
C318
@104BP
C319
@104BP
R313
513B
R314
513B
C313
@104BP
R315
103B
R323
103B
R324
913B
R325
913B
R326
103B

的电源完整电路图1

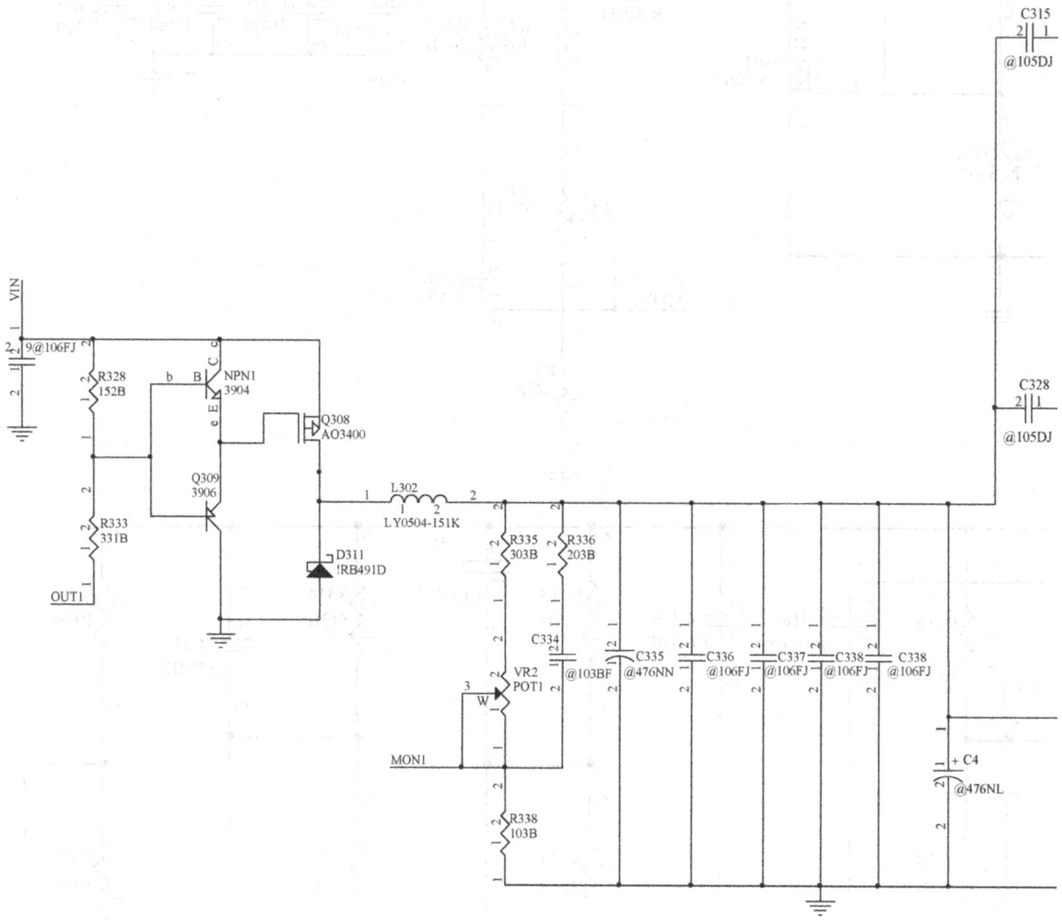
C315
@105DJ
C328
@105DJ
VIN
9@106FJ
R328
152B
NPN1
3904
Q308
AO3400
Q309
3906
R333
331B
OUT1
L302
LY0504-151K
D311
!RB491D
R335
303B
R336
203B
C334
@103BF
C335
@476NN
C336
@106FJ
C337
@106FJ
C338
@106FJ
C338
@106FJ
VR2
POT1
MON1
C4
@476NL
R338
103B

图9-13 任务2-1

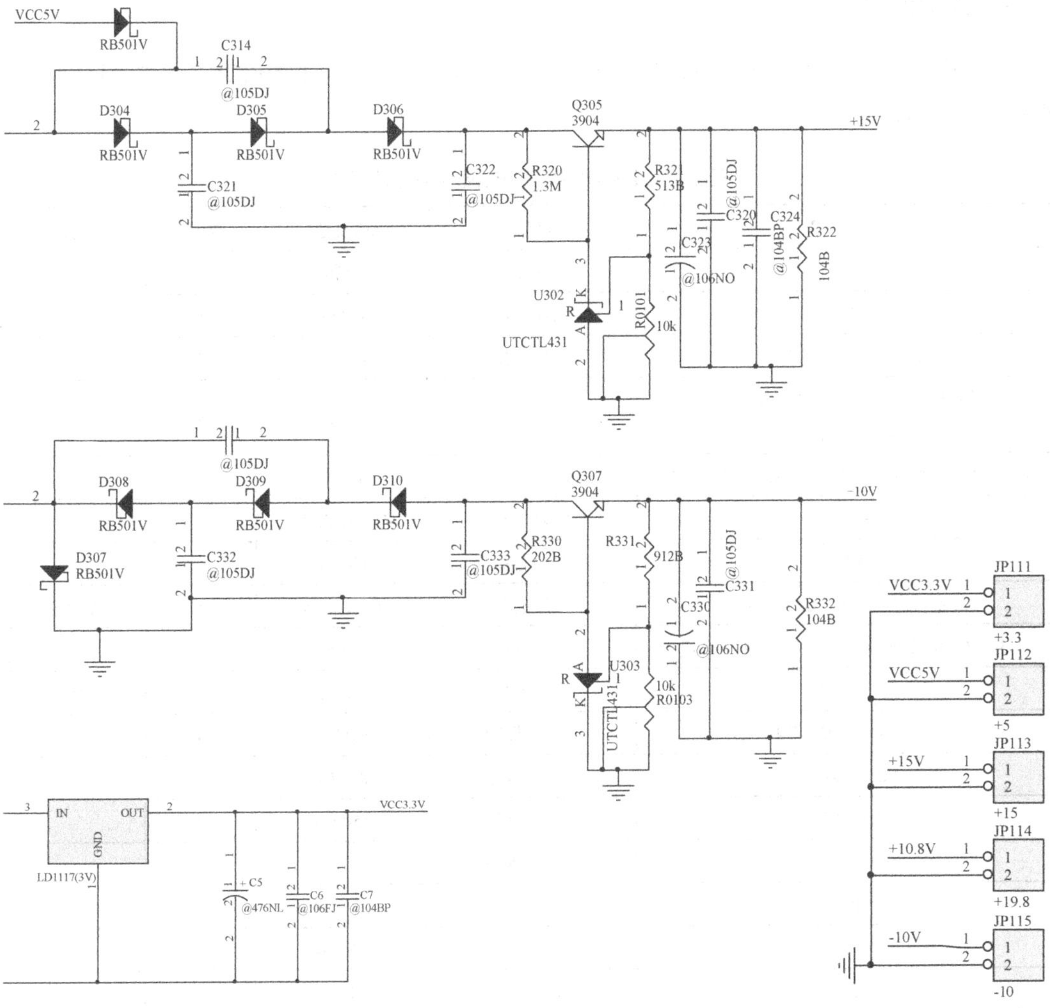
VCC5V
RB501V
C314
@105DJ
D304
D305
D306
RB501V
RB501V
RB501V
Q305
3904
+15V
C321
@105DJ
C322
@105DJ
R320
1.3M
R321
513B
@105DJ
C320
C324
@104BP
R322
104B
C323
@106NO
U302
UTCTL431
R0101
10k
@105DJ
D308
D309
D310
RB501V
RB501V
RB501V
Q307
3904
-10V
D307
RB501V
C332
@105DJ
C333
@105DJ
R330
202B
R331
912B
@105DJ
C331
C330
@106NO
R332
104B
U303
UTCTL431
10k
R0103
IN
OUT
GND
LD1117(3V)
VCC3.3V
C5
@476NL
C6
@106FJ
C7
@104BP
JP111
VCC3.3V
+3.3
JP112
VCC5V
+5
JP113
+15V
+15
JP114
+10.8V
+19.8
JP115
-10V
-10

的电源完整电路图2

任务 2-2　电源电路的组装

1. 任务要求

完成 TV-POWER 电源电路的组装。

2. 实训器材

常用电工工具 1 套、TV-POWER 电源电路元件 1 套。TV-POWER 电源电路元件清单如表 9-6 所示。

表 9-6　TV-POWER 电源电路元件清单

编号	名称	规格及型号	数量	备注
	二号接线柱	金属	7	
C1	贴片电容	680 pF	1	
C2，C7，C21，C15	贴片电容	0.01 μF	4	
C3，C5，C6，C9，C28，C37，C44，C48	贴片电容	0.1 μF	8	
C4，C11～C14，C16～C20，C23～C26，C29	贴片电容	10 μF	15	
C10	电解电容	470 μF/25 V	1	
C8	贴片电容	0.33 μF		
C22，C27，C30，C45，C46	贴片电容	47 μF/16 V	5	钽电容
C31～C34，C36，C38～C41，C43，C47	贴片电容	1 μF	11	
C35，C42	贴片电容	10 μF/16 V	2	3528
D1，D2，D3，D4	贴片二极管	RB491	4	
D5～D12	贴片二极管	RB501	8	
L1，L2	贴片电感	150 μH	2	
VIN	电源适配器座子		1	
P1	插座	2P/2.54	1	不焊接
P2	插座	7P/2.54	1	
Q0	贴片场效应管	2N7002	1	
Q1，Q4，Q7	贴片三极管	2N3904	3	
Q2，Q5，Q8	贴片三极管	2N3906	3	
Q6	贴片场效应管	AO3401	1	
Q3	贴片场效应管	AO3400	1	注意购买
R1～R3，R10～R12，R22	贴片电阻	10 kΩ	7	
R4，R9，R24，R27，R28，RL6	贴片电阻	2 kΩ	6	
R5，R7，R25	贴片电阻	51 kΩ	3	
R6，R8	贴片电阻	91 kΩ	2	

续表

编号	名称	规格及型号	数量	备注
R13，RL，RL4	贴片电阻	1 kΩ	2	
R14	贴片电阻	10	1	
R15，R26，R29	贴片电阻	100 kΩ	3	
R16，R21	贴片电阻	30 kΩ	2	
R17	贴片电阻	2.4 kΩ	1	
R18，R23	贴片电阻	20 kΩ	2	
R19	贴片电阻	330	1	
RL1～RL3	贴片电阻	510	3	
R20，RL5	贴片电阻	1.5 kΩ	2	
DL，DL1～DL6	贴片发光二极管	红	7	
Rp1，Rp2，Rp3，Rp4	电位器	10 kΩ/3296	4	
U1	贴片芯片	AT1743	1	
U3，U4	贴片稳压管	UTCTL431	2	
VR2	稳压源	LD1117 3V	1	
VR3	稳压源	LD1117-1.8V	1	
	有机玻璃盒	DCP 系列	1	
	线路板	TV-POWER V2.1.PCB	1	

3. 实训内容

1）组装

根据工艺要求组装 TV-POWER 电源电路。TV-POWER 线路板如图 9-14 所示。

2）TV-POWER 电源电路的调试

（1）在 P1 端口或 VIN 端输入+12 V 直流电压。

（2）将电位器 Rp1 两端端口电阻调至 5 kΩ，将 Rp2 两端端口电阻调至 0。

（3）AT1743 的正常工作需要满足以下条件。

- 1 脚（CT 测试点）输出 f=150 kHz，Vmax=2.1 V、Vmin=1.5 V 的振荡三角波。
- 16 脚（REF 测试点）电压为 2.5 V，4 脚与 13 脚的电压为 1.25 V；6 脚与 11 脚的电压为 1.58 V；5 脚与 21 脚的电压为 1.97 V。7 脚与 10 脚处于高电平为+12 V；处于低电平为 0 V 的脉冲调制波。关键引脚都具有测试点。

（4）若上述条件满足，调节 Rp2 使“+5 V 输出端”为+5 V，调节 Rp1 使“+19.8 V 输出端”为+19.8 V。

（5）调节 Rp3 使“+15 V 输出端”为+15 V，调节 Rp4 使“-10 V 输出端”为-10 V。

3）TV-POWER 电源电路的检测

使用万用表检测 TV-POWER 线路板上面一排金属接线柱和右下方的插针，各端的电压与丝印标出的电压应相等。

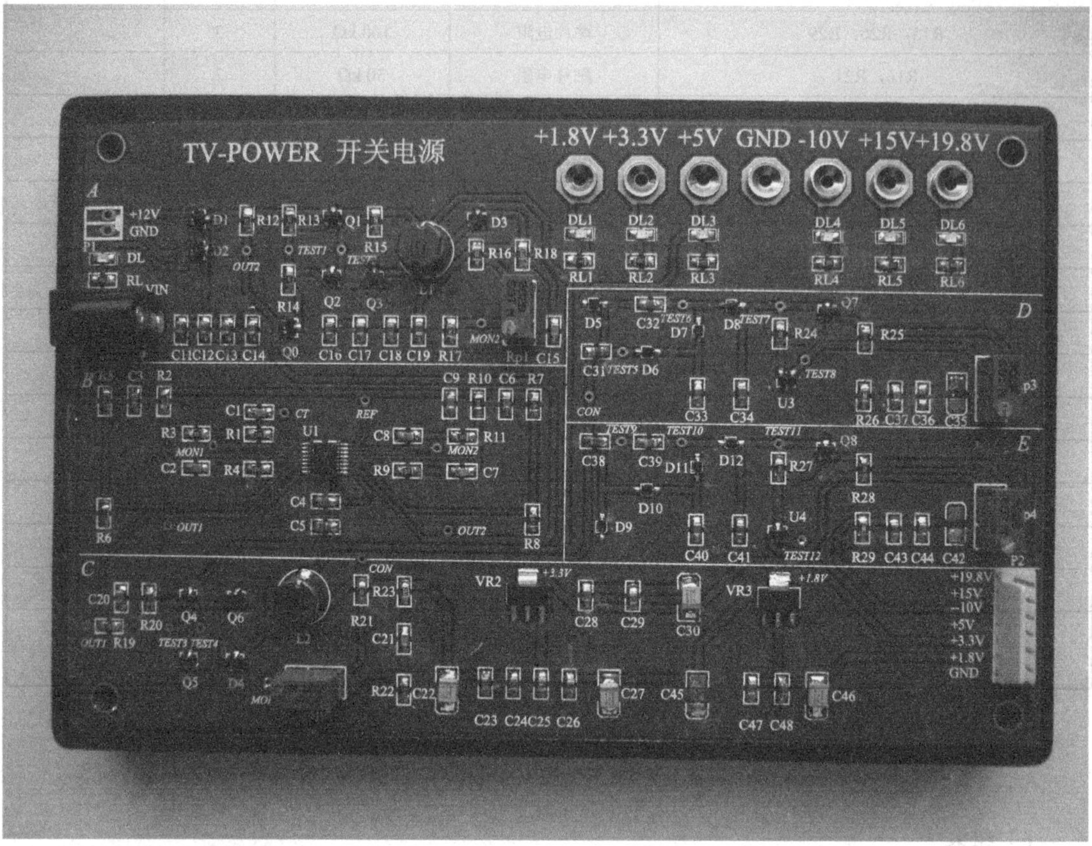

图 9-14　TV-POWER 线路板